Deepen Your Mind

前言 *Foreword*

機器學習實際上已經存在了幾十年，或也可以認為存在了幾個世紀。追溯到 17 世紀，貝氏、拉普拉斯關於最小平方法的推導和馬可夫鏈，這些組成了機器學習廣泛使用的工具和基礎。從 1950 年艾倫·圖靈提議架設一個學習機器開始，到 2000 年年初深度學習的實際應用以及最近的進展，比如 2012 年的 AlexNet，機器學習有了很大的發展。

scikit-learn 專案最早由資料科學家 David Cournapeau 在 2007 年發起，需要 NumPy 和 SciPy 等其他套件的支援，它是 Python 語言中專門針對機器學習應用而發展起來的一款開放原始碼框架。

機器學習是一門多領域交叉學科，涉及機率論、統計學、逼近論、凸分析、演算法複雜度理論等多門學科。它專門研究電腦怎樣模擬或實現人類的學習行為，以獲取新的知識或技能，重新組織已有的知識結構並使之不斷改善自身的性能。它是人工智慧的核心，即使計算機具有智慧的根本途徑。

本書針對機器學習這個領域，描述了多種學習模型、策略、演算法、理論以及應用，基於 Python3 使用 scikit-learn 工具套件演示演算法解決實際問題的過程。對機器學習感興趣的讀者可透過本書快速入門，快速勝任機器學習職位，成為人工智慧時代的人才。

♣ 讀者需要了解的重要資訊

本書作為機器學習專業圖書，介紹機器學習的基本概念、演算法流程、模型建構、資料訓練、模型評估與最佳化、必備工具和實現方法，全程以真實案例驅動，案例採用 Python3 實現。本書涵蓋資料獲得、演算法模型、案例程式實現和結果展示的全過程，以機器學習的經典演算法為軸線：演算法分析→資料獲取→模型建構→推斷→演算法評估。本書案例具有代表性，結合了理論與實踐，並能明確機器學習的目標及完成效果。

✤ 本書內容

本書共分 13 章，系統講解機器學習的典型演算法，內容包括機器學習概述、資料特徵提取、scikit-learn 估計器分類、單純貝氏分類、線性回歸、k 近鄰演算法分類和回歸、從簡單線性回歸到多元線性回歸、從線性回歸到邏輯回歸、非線性分類和決策樹回歸、從決策樹到隨機森林、從感知機到支援向量機、從感知機到類神經網路、主成分分析降維。

本書的例子都是在 Python3 整合式開發環境 Anaconda3 中經過實際偵錯透過的典型案例，同時本書配備了案例的原始程式和資料集供讀者參考。

✤ 書附資源下載

本書配套的案例原始程式，請至本公司官網下載。

✤ 本書讀者

本書適合巨量資料分析與挖掘、機器學習與人工智慧技術的初學者、研究人員及從業人員，也適合作為大專院校和教育訓練機構巨量資料、機器學習與人工智慧相關專業的師生教學參考。

✤ 致謝

本書完成之際，感謝合作者與清華大學出版社各位老師的支援。作者夜以繼日用了近一年的時間寫作，並不斷修正錯誤和完善知識結構。由於作者水準有限，書中有紕漏之處還請讀者不吝賜教。本書寫作過程中參考的圖書與網路資源都在參考文獻中舉出了出處。

鄧立國

Contents **目錄**

01 機器學習概述

02 機器學習之資料特徵

03 用 scikit-learn 估計器分類

06 用 k 近鄰演算法分類和回歸

07 從簡單線性回歸到多元線性回歸

08 從線性回歸到邏輯回歸

09 非線性分類和決策樹回歸

⑩ 整合方法：從決策樹到隨機森林

11 從感知機到支援向量機

12 從感知機到類神經網路

13 主成分分析降維

A 參考文獻

機器學習概述

機器學習（Machine Learning）是人工智慧及圖型辨識領域的共同研究熱點，其理論和方法已被廣泛應用於解決工程應用和科學領域的複雜問題。

機器學習是一門多學科交叉專業，涵蓋機率論知識、統計學知識、近似理論知識和複雜演算法知識，使用電腦作為工具並致力於真實模擬人類的學習方式，並對現有內容進行知識結構劃分，以有效提高學習效率。

1.1 什麼是機器學習

機器學習是一門多領域交叉學科，涉及機率論、統計學、逼近論、凸分析、演算法複雜度理論等多門學科，專門研究電腦怎樣模擬或實現人類的學習行為，以獲取新的知識或技能，重新組織已有的知識結構並使之不斷改善自身的性能。它是人工智慧的核心，也是使計算機具有智慧的根本途徑。

機器學習歷經 70 年的曲折發展，以深度學習為代表參考人腦的多分層結構，神經元連接互動資訊的逐層分析處理機制，自我調整、自我學習的強大平行資訊處理能力，在很多方面收穫了突破性進展，其中最有代表性的是影像辨識領域。

機器學習過程正像人類在成長、生活過程中累積了很多的實踐經驗，人類對這些經驗進行「歸納」得到「規律」。當遇到未知的問題時，可以使用這些「規律」對未知的問題進行「推測」，從而指導自己的工作。機器學習中的「訓練」與「預測」過程可以對應到人類的「歸納」和「推測」過程，機器學習的思想僅是對人類在實踐中學習過程的模擬，因而機器學習是透過歸納思想得出相關性結論的。

1. 機器學習的定義

第一個機器學習的定義來自 Arthur Samuel。他把機器學習定義為：在進行特定程式設計的情況下，給予電腦學習能力的領域。

第二個機器學習的定義來自卡內基美隆大學的 Tom：一個程式被認為能從經驗 E 中學習，解決任務 T，達到性能度量值 P，當且僅當有了經驗 E 後，經過 P 評判，程式在處理 T 時的性能有所提升。

機器學習還有下面幾種定義：

（1） Langley（1996）定義的機器學習是「機器學習是一門人工智慧的科
學，該領域的主要研究物件是人工智慧，特別是如何在經驗學習中
改善具體演算法的性能」。

（2） Tom Mitchell（1997）在 Machine Learning（《機器學習》）一書中定
義機器學習時提到，「機器學習是對能透過經驗自動改進的電腦演算
法的研究」。

（3） Alpaydin（2004）提出了自己對機器學習的定義，「機器學習是用資
料或以往的經驗，以此最佳化電腦程式的性能標準」。

2. 機器學習和資料探勘的關係

機器學習方法對大型態資料庫的應用稱為資料探勘。在資料探勘中，處
理大量資料以建構具有使用價值的簡單模型。其應用領域非常豐富：除
了零售業外，金融業（比如銀行）分析其過去的資料，以建立模型，用
於信用應用、詐騙檢測和股票市場；在製造中，學習模型用於最佳化、
控制和故障排除，在醫學中，學習程式用於醫學診斷；在電信中，分析
呼叫模式用於網路最佳化和最大化服務品質；在科學上，物理學、天文
學和生物學中的大量資料只能透過電腦進行足夠快的分析。

3. 機器學習的範圍

機器學習跟圖型辨識、統計學習、資料探勘類似，同時，機器學習與其
他領域的處理技術相結合，形成了電腦視覺、語音辨識、自然語言處理
等交叉學科。從某種程度來說，機器學習等於資料探勘。

4. 機器學習的發展歷程

機器學習實際上已經存在了幾十年，或也可以認為存在了幾個世紀。追溯到 17 世紀，貝氏、拉普拉斯關於最小平方方法的推導和馬可夫鏈，這些組成了機器學習廣泛使用的工具和基礎。從 1950 年艾倫·圖靈提議建立一個學習機器，到 2000 年初深度學習的實際應用，以及 2012 年的 AlexNet，機器學習有了很大的進展。

從 20 世紀 50 年代研究機器學習以來，不同時期的研究途徑和目標並不相同，可以劃分為 4 個階段：

（1） 第一階段從 20 世紀 50 年代中葉到 60 年代中葉，是「沒有知識」的學習（即無知學習）。

（2） 第二階段從 20 世紀 60 年代中葉到 70 年代中葉，主要研究將各個領域的知識植入系統中，目的是透過機器模擬人類學習的過程。

（3） 第三階段從 20 世紀 70 年代中葉到 80 年代中葉，探索不同的學習策略和學習方法，已開始把學習系統與各種應用結合起來。

（4） 第四階段是 20 世紀 80 年代中葉，是機器學習的最新階段。這個時期的機器學習具有以下特點：

- 綜合應用了心理學、生物學、神經生理學、數學、自動化和電腦科學等學科知識，形成了機器學習的理論基礎。
- 機器學習使用資料或以往的經驗，以此最佳化電腦程式的性能標準。
- 機器學習與人工智慧各種基礎問題的統一性觀點正在形成。
- 各種學習方法的應用範圍不斷擴大，部分應用研究成果已轉化為產品。

5. 機器學習的研究現狀

機器學習是人工智慧及圖型辨識領域的共同研究熱點,其理論和方法已被廣泛應用於解決工程應用和科學領域的複雜問題。機器學習歷經 70 年的曲折發展,以深度學習為代表,參考人腦的多分層結構、神經元的連接互動資訊的逐層分析處理機制,以及自我調整、自我學習的強大平行資訊處理能力,在很多方面收穫了突破性進展,其中最有代表性的是影像辨識領域。傳統機器學習的研究方向主要包括決策樹、隨機森林、類神經網路、貝氏學習等方面。隨著巨量資料時代各行業對資料分析需求的持續增加,透過機器學習高效率地獲取知識已逐漸成為當今機器學習技術發展的主要推動力。如何基於機器學習對複雜多樣的資料進行深層次的分析,以及更高效率地利用資訊,已成為當前巨量資料環境下機器學習研究的主要方向。

1.2 機器學習的作用領域

人工智慧是機器學習的父類別,深度學習則是機器學習的子類別。機器學習是目前業界最為熱門的一門技術,網上購物、汽車 AI 自動駕駛技術、網路防禦系統等都有機器學習的技術支撐。同時,機器學習也是最有可能使人類完成 AI 夢想的一項技術,目前各種人工智慧的應用、電腦視覺技術的進步,都有機器學習的成分。

1. 數學在機器學習中的作用有兩個方面

機器學習在建構數學模型的過程中使用統計學理論,因為核心任務是從樣本進行推理。

- 在訓練中，需要高效的演算法來解決最佳化問題，以及儲存和處理大量的資料。

- 一旦模型被學習，其表示和用於推斷的演算法解決方案也需要是高效的。在某些應用中，學習或推斷演算法的效率（即其空間和時間複雜度）與其預測精度一樣重要。

2. 機器學習發揮作用的 6 個領域

機器學習在增強學習、生成模型、記憶神經網路、遷移學習、學習 / 判斷 / 推理硬體、模擬環境等 6 個領域發揮了較大的作用。

（1） 增強學習

增強學習（Enhanced Learning）是指如何讓智慧體在環境中做到資料累積和回報。例如 Google 採用增強學習最佳化其資料中心降溫能源的有效使用率，而使用增強學習的優勢是訓練資料可以不斷累積，獲取成本比較低廉，這就是增強學習戰勝監督學習的原因。

（2） 生成模型

生成模型（Generation Model）主要應用於訓練樣本上的學習機率分析，透過高位資料分佈擷取，生成模型可以產生與訓練資料相似的模型。

（3） 記憶神經網路

機器學習必須不斷學習新的任務，建立新的模型，但是傳統的神經網路記不住多形模型和任務，這就是變災性失憶現象。網路技術可以解決失憶問題，其中包括長 - 短記憶網路、微積分神經電腦、彈性聯合演算法、進步學習神經網路，比如用於機械臂、物聯網、自動駕駛。

（4）遷移學習

深度學習如果想做到最佳表現，必須要有大規模的資料訓練，更別提完成語音辨識、機器翻譯這種高準確率的複雜專案。如果機器學習需要解決某個問題，但是資料量不充足，那麼在小型模擬中獲取最佳演算法，然後將這個可學習的模型應用到現在的這個模型上，這稱之為遷移學習（Transfer Learning）。

（5）學習 / 判斷 / 推理硬體

GPU 大規模地應用到神經網路中，與 CPU 不同的是，GPU 可以大量地處理平行單元結構，可以同時平行處理多個任務。GPU 的運算精度高，不會出現記憶體寬頻限制和資料溢位的問題，這就為深度學習提供訂製晶片奠定了基礎，比如用於語音互動的物聯網裝置、雲端服務、自動駕駛、無人機。

（6）模擬環境

為機器學習提供大量資料是一個巨大的挑戰，並且需要適應不同的環境、在不同的環境中學習建立模型，所以架設一個可以為機器學習提供測試的模擬真實環境和電子虛擬世界是必需的，可以為以後向真實環境轉變提供資料依據，比如用於遊戲開發、智慧城市。

1.3 機器學習的分類

機器學習的分類主要有學習策略、學習方法、資料形式和學習目標等。幾十年來，研究發表的機器學習的方法種類很多，根據強調側面的不同可以有多種分類方法。

1. 基於學習策略的分類

（1）模擬人腦的機器學習。

- 符號學習：模擬人腦的宏觀心理級學習過程，以認知心理學原理為基礎，以符號資料為輸入，以符號運算為方法，用推理過程在圖或狀態空間中搜索，學習的目標為概念或規則等。符號學習的典型方法有記憶學習、範例學習、演繹學習、類比學習和解釋學習等。

- 神經網路學習（或連接學習）：模擬人腦的微觀生理級學習過程，以腦和神經科學原理為基礎，以類神經網路為函數結構模型，以數值資料為輸入，以數值運算為方法，用迭代過程在係數向量空間中搜索，學習的目標為函數。典型的連接學習有權值修正學習和拓撲結構學習。

（2）直接採用數學方法的機器學習。

- 統計機器學習是基於對資料的初步認識以及學習目的的分析，選擇合適的數學模型，擬定超參數，並輸入樣本資料，依據一定的策略，運用合適的學習演算法對模型進行訓練，最後運用訓練好的模型對資料進行分析預測。

2. 基於學習方法的分類

（1）歸納學習，可分為符號歸納學習和函數歸納學習。

- 符號歸納學習：典型的符號歸納學習有範例學習、決策樹學習。
- 函數歸納學習（發現學習）：典型的函數歸納學習有神經網路學習、範例學習、發現學習、統計學習。

（2）演繹學習。

（3）類比學習：典型的類比學習有案例（範例）學習。

（4） 分析學習：典型的分析學習有解釋學習、巨集操作學習。

3. 基於學習方式的分類

（1） 監督學習（有導師學習）：輸入資料中有導師訊號，以機率函數、代數函數或類神經網路為基函數模型，採用迭代計算方法，學習的結果為函數。

（2） 無監督學習（無導師學習）：輸入資料中無導師訊號，採用聚類方法，學習結果為類別。典型的無導師學習有發現學習、聚類和競爭學習等。

（3） 強化學習（增強學習）：以環境回饋（獎 / 懲訊號）作為輸入，以統計和動態規劃技術為指導的一種學習方法。

4. 基於資料形式的分類

（1） 結構化學習：以結構化資料為輸入，以數值計算或符號推演為方法。典型的結構化學習有神經網路學習、統計學習、決策樹學習和規則學習。

（2） 非結構化學習：以非結構化資料為輸入。典型的非結構化學習有類比學習、案例學習、解釋學習、文字挖掘、影像挖掘和 Web 挖掘等。

5. 基於學習目標的分類

（1） 概念學習：學習的目標和結果為概念，或說是為了獲得概念的學習。典型的概念學習有範例學習。

（2） 規則學習：學習的目標和結果為規則，或說是為了獲得規則的學習。典型的規則學習有決策樹學習。

（3） 函數學習：學習的目標和結果為函數，或説是為了獲得函數的學習。典型的函數學習有神經網路學習。

（4） 類別學習：學習的目標和結果為物件類別，或説是為了獲得類別的學習。典型的類別學習有聚類分析。

（5） 貝氏網路學習：學習的目標和結果是貝氏網路，或説是為了獲得貝氏網路的一種學習。其又可分為結構學習和多數學習。

1.4 機器學習理論基礎

機器學習是人工智慧研究發展到一定階段的必然產物。從 20 世紀 50 年代到 70 年代初，人工智慧研究處於「推理期」，人們認為只要給機器指定邏輯推理能力，機器就能具有智慧。

機器學習是人工智慧研究的核心內容。它的應用已遍及人工智慧的各個分支，如專家系統、自動推理、自然語言理解、圖型辨識、電腦視覺、智慧型機器人等領域。

機器學習的科學基礎之一就是神經科學。然而，對機器學習的進展產生重要影響的是以下三個發現：

- James 關於神經元是相互連接的發現。
- McCulloch 與 Pitts 關於神經元的工作方式是「興奮」和「抑制」的發現。
- Hebb 的學習律（神經元相互連接強度的變化）。

1. 機器學習邏輯描述

令 W 是給定世界的有限或無限的所有觀測物件的集合，由於觀察能力的限制，只能獲得這個世界的有限的子集 QW，稱為樣本集。機器學習就是根據這個樣本集推算這個世界的模型，使它對這個世界（盡可能地）為真。這個描述隱含三個需要解決的問題：

（1）一致：假設世界 W 與樣本集 Q 有相同的性質。舉例來説，如果學習過程基於統計原理，獨立同分佈（independently and identically distributed，簡稱 i. i. d）就是一類一致條件。

（2）劃分：將樣本集放到 n 維空間，尋找一個定義在這個空間上的決策分介面（等價關係），使得問題決定的不同物件分在不相交的區域。

（3）泛化：泛化能力是這個模型對世界為真程度的指標。從有限樣本集合計算一個模型，使得這個指標最大（最小）。

E.A.Feigenbaum 在著名的《人工智慧手冊》中，把機器學習技術劃分為 4 大類，即「機械學習」、「示教學習」、「類比學習」和「歸納學習」。

2. 常見的演算法

（1）決策樹演算法。

（2）單純貝氏演算法。

（3）支援向量機演算法。

（4）隨機森林演算法。

（5）類神經網路演算法。

（6）Boosting 與 Bagging 演算法。

（7）連結規則演算法。

（8）EM（期望最大化）演算法。

（9）深度學習。

1.5 機器學習應用程式開發的典型步驟

開發機器學習應用時，可以靈活地嘗試不同的模型與演算法，以及使用不同的方法對資料進行處理，這個過程還是有章可循的。

1. 定義問題

先明確需要解決的問題。在實際應用中，很多時候得到的並非是一個明確的機器學習任務，而只是一個需要解決的問題。

2. 資料獲取

資料獲取是機器學習應用程式開發的基礎。人工收集資料，例如預測房屋價格，可以從房屋相關的網站上獲取資料、提取特徵並進行標記。人工收集資料耗時較長且非常容易出錯，所以通常在其他方法都無法實現時才會採用。

透過網路爬蟲從相關網站收集資料，例如從威測器收集實測資料（如壓力威測器的壓力資料），從某些 API 獲取資料（如交易所的交易資料），從 App 或 Web 端收集資料等。對於某些領域，也可以直接採用業界的公開資料集，從而節省時間和精力。

3. 資料清洗

透過資料獲取得到的原始資料可能並不規範，需對資料進行清洗才能滿足使用需求。比如，去掉資料集中的重復資料、雜訊資料，修正錯誤資料，最後將資料轉為需要的格式，以方便後期處理。

4. 特徵選擇與處理

特徵選擇是在原始特徵中選出對模型有用的特徵，去除資料集中與模型預測沒有太大關係的特徵。

透過分析資料，可以人工選擇貢獻較大的特徵，也可以採用類似 PCA 等演算法進行選擇。對特徵進行對應處理，如對數值型特徵進行標準化，對類別型特徵進行 one-hot 編碼等。

5. 訓練模型

特徵資料準備完成後，即可根據具體任務選擇合適的模型並進行訓練。對於監督學習，一般會將資料集分為訓練集和測試集，透過訓練集訓練模型參數，然後透過測試集測試模型精度。而無監督學習則不需要對演算法進行訓練，只需要透過演算法發現資料的內在結構，發現其中的隱藏模式即可。

6. 模型評估與最佳化

無論是監督學習還是無監督學習，模型訓練完畢後都需要對模型結果進行評估。監督學習可採用測試集資料對模型演算法的精度進行評估。無監督學習也需要採用對應的評估方法檢驗模型的準確性。若模型不滿足要求，則需要對模型進行調整、訓練以及再評估，直到模型達到標準。

7. 模型使用

最佳化之後得到的最佳模型一般會以檔案的形式保存起來（TensorFlow以 .h5 檔案保存模型），應用時可直接載入使用。機器學習應用載入模型檔案，將新樣本的特徵資料登錄模型，由模型進行預測，並得到最終預測結果。

1.6 本章小結

本章從機器學習的起源、發展依據、歷史上的重要事件的角度討論了機器學習的發展脈絡，介紹了機器學習的基本概念、機器學習的作用領域、機器學習的分類、機器學習的理論基礎和機器學習的開發步驟。

1.7 複習題

（1） 機器學習發揮作用的領域有哪些？

（2） 機器學習基於學習方法的分類有哪些？

（3） 機器學習基於學習目標的分類有哪些？

（4） 機器學習的常見演算法有哪些？

（5） 機器學習應用程式開發的典型步驟是什麼？

機器學習之資料特徵

資料特徵分析與資料品質分析一起組成了資料探索兩個方面的工作，前文介紹過機器學習的概況，本章將著重講解資料特徵分析，找尋資料間的關係。

機器學習專門研究電腦怎樣模擬或實現人類的學習行為，以獲取新的知識或技能，重新組織已有的知識結構，使之不斷改善自身的性能。資料和特徵決定了機器學習的上限，模型和演算法是逼近這個上限的工具手段，特徵工程目的是最大限度地從原始資料中提取特徵以供演算法和模型使用。

2.1 資料的分佈特徵

統計資料的分佈特徵可以從兩個方面進行描述：一是資料分佈的集中趨勢，二是資料分佈的離散程度。集中趨勢和離散程度是資料的分佈特徵對立統一的兩個方面。本節透過介紹平均指標和變異指標這兩個統計指標的概念及計算，來反映資料分佈的集中趨勢和離散程度兩個方面的特徵。

2.1.1 資料分佈集中趨勢的測度

集中趨勢是指一組資料向某中心值靠近的傾向，集中趨勢的測度實際上就是對資料一般水準代表值或中心值的測度。不同類型的資料使用不同的集中趨勢測度值，低層次資料的集中趨勢測度值適用於高層次的測量資料，反過來，高層次資料的集中趨勢測度值並不適用於低層次的測量資料。選用哪一個測度值來反映資料的集中趨勢，需要根據所掌握的資料的類型來確定。

通常用平均指標作為集中趨勢測度指標，本節重點介紹眾數、中位數兩個位置型平均數以及算術平均數、調和平均數、幾何平均數三個數值型平均數。

1. 眾數

眾數是指一組資料中出現次數最多的變數值，用 M_0 表示。從變數分佈的角度看，眾數是具有明顯集中趨勢點的數值，一組資料分佈的最高峰點所對應的變數值即為眾數。當然，如果資料的分佈沒有明顯的集中趨勢或最高峰點，眾數也可以不存在；如果有多個高峰點，也就有多個眾數。

（1）定類資料和定序資料眾數的測定

定類資料與定序資料計算眾數時，出現次數最多的組所對應的變數值即為眾數。

（2）未分組資料或單變數值分組資料眾數的確定

未分組資料或單變數值分組資料計算眾數時，出現次數最多的變數值即為眾數。

（3）組距分組資料眾數的確定

組距分組資料眾數的數值與其相鄰兩組的頻數分佈有一定的關係，這種關係可作以下理解：

設眾陣列的頻數為 f_m，眾數前一組的頻數為 f_{-1}，眾數後一組的頻數為 f_{+1}。當眾數相鄰兩組的頻數相等時，即 $f_{-1} = f_{+1}$，眾陣列的組中值即為眾數；當眾陣列前一組頻數多於眾陣列後一組的頻數時，即 $f_{-1} > f_{+1}$，則眾數會向其前一組靠，眾數小於其組中值；當眾陣列後一組的頻數多於眾陣列前一組的頻數時，即 $f_{-1} < f_{+1}$，則眾數會向其後一組靠，眾數大於其組中值。基於這種想法，借助幾何圖形匯出的分組資料眾數的計算公式如下：

$$M_0 \doteq L + \frac{f_m - f_{-1}}{(f_m - f_{-1}) + (f_m - f_{+1})} \times i$$

$$M_0 \doteq U - \frac{f_m - f_{+1}}{(f_m - f_{-1}) + (f_m - f_{+1})} \times i$$

（公式 2.1）

其中，L 表示眾數所在組的下限，U 表示眾數所在組的上限，i 表示眾數所在組的組距，f_m 為眾數所在組的頻數，f_{-1} 為眾數所在組前一組的頻數，f_{+1} 為眾數所在組後一組的頻數。

上述下限和上限公式是假設資料分佈具有明顯的集中趨勢，且眾陣列的頻數在該組內是均勻分佈的，若這些假設不成立，則眾數的代表性就會很差。從眾數的計算公式可以看出，眾數是根據眾陣列及相鄰組的頻率分佈資訊來確定資料中心點位置的，因此眾數是一個位置代表值，它不受資料中極端值的影響。

2. 中位數

中位數是將整體各單位標識值按大小順序排列後，處於中間位置的那個數值。各變數值與中位數的離差絕對值之和最小，即：

$$\sum_{i=1}^{n} |X_i - M_e| = \min \qquad （公式 2.2）$$

（1）定序資料中位數的確定

確定定序資料中位數的關鍵是確定中間位置，中間位置所對應的變數值即為中位數。

① 未分組原始資料中間位置的確定

$$\begin{cases} 中位數位置 = \dfrac{N+1}{2} & N 為奇數 \\ 中位數位置 = \dfrac{N}{2} & N 為偶數 \end{cases} \qquad （公式 2.3）$$

② 分組資料中間位置的確定

$$中位數位置 = \frac{\sum f}{2} \qquad （公式 2.4）$$

（2）數值型態資料中位數的確定

$$數值型數據資料 = \begin{cases} 未分組資料 \\ 分組資料 \begin{cases} 單變量值分組資料 \\ 組距分組資料 \end{cases} \end{cases}$$

① 未分組資料

首先必須將標識值按大小排序。設排序的結果為：$x_1 \leqslant x_2 \leqslant x_3 \leqslant \cdots \leqslant x_n$ 則：

$$M_e = \begin{cases} X_{\left(\frac{N+1}{2}\right)} & \text{當 } N \text{ 為奇數時} \\ \frac{1}{2}\left(X_{\frac{N}{2}} + X_{\frac{N}{2}+1}\right) & \text{當 } N \text{ 為偶數時} \end{cases} \qquad (\text{公式 } 2.5)$$

② 單變數分組資料

$$M_e = \begin{cases} X_{\left(\frac{\sum f + 1}{2}\right)} & \sum f \text{ 為奇數時} \\ X_{\left(\frac{\sum f}{2}\right)} & \sum f \text{ 為偶數時} \end{cases} \qquad (\text{公式 } 2.6)$$

③ 組距分組資料

根據位置公式確定中位數所在的組，假設中位數所在的組內各單位是均勻分佈的，就可以利用下面的公式計算中位數的近似值：

$$M_e = L + \frac{\frac{\sum f}{2} - S'_{m-1}}{f_m} \cdot i$$

$$M_e = U - \frac{\frac{\sum f}{2} - S'_{m+1}}{f_m} \cdot i \qquad (\text{公式 } 2.7)$$

其中，S'_{m-1} 是到中位數組前面一組為止的向上累計頻數，S'_{m+1} 則是到中位數組後面一組為止的向下累計頻數，f_m 為中位數組的頻數，i 為中位數組的組距。

3. 算術平均數

算術平均數也稱為平均值（Mean），是全部資料算術平均的結果。算術平均法是計算平均指標最基本、最常用的方法。算術平均數在統計學中具有重要的地位，是集中趨勢的主要測度值，通常用 $\bar{x}$ 表示。根據所掌握資料形式的不同，算術平均數有簡單算術平均數和加權算術平均數。

（1）簡單算術平均數

未經分組整理的原始資料，其算術平均數的計算就是直接將一組資料的各個數值相加再除以數值個數。設整體資料為 $X_1, X_2, \cdots, X_n$，樣本資料為 $x_1, x_2, \cdots, xn$，則統計整體平均值和樣本平均值的計算公式為：

$$\bar{X} = \frac{X_1 + X_2 + \cdots + X_N}{N} = \frac{\sum_{i=1}^{N} X_i}{N}$$

$$\bar{x} = \frac{x_1 + x_2 + \cdots + x_n}{n} = \frac{\sum_{i=1}^{n} x_i}{n} \qquad （公式 2.8）$$

（2）加權算術平均數

根據分組整理的資料計算算術平均數，就要以各組變數值出現的次數或頻數為權數計算加權的算術平均數。設原始資料（整體或樣本資料）被分成 K 或 k 組，各組的變數值為 $X_1, X_2, \cdots, X_K$ 或 $x_1, x_2, \cdots, x_k$，各組變數值的次數或頻數分別為 $F_1, F_2, \cdots, F_K$ 或 $f_1, f_2, \cdots, f_k$，則整體或樣本的加權算術平均數為：

$$\bar{X} \doteq \frac{X_1 F_1 + X_2 F_2 + \cdots + X_K F_K}{F_1 + F_2 + \cdots + F_K} = \frac{\sum_{i=1}^{K} X_i F_i}{\sum_{i=1}^{K} F_i}$$

$$\overline{x} \doteq \frac{x_1 f_1 + x_2 f_2 + \cdots + x_k f_k}{f_1 + f_2 + \cdots + f_k} = \frac{\displaystyle\sum_{i=1}^{k} x_i f_i}{\displaystyle\sum_{i=1}^{k} f_i} \qquad \text{（公式 2.9）}$$

公式 2.9 中是用各組的組中值代表各組的實際資料，使用代表值時，假設資料在各組中是均勻分佈的，但實際情況與這一假設會有一定的偏差，使得利用分組資料計算的平均數與實際的平均數會產生誤差，它是實際平均值的近似值。

加權算術平均數其數值的大小不僅受各組變數值 x_i 大小的影響，而且受各組變數值出現的頻數（即權數 f_i）大小的影響。如果某一組的權數大，說明該組的資料較多，那麼該組資料的大小對算術平均數的影響就越大；反之，則越小。實際上，我們將上式變形為公式 2.10 的形式，更能清楚地看出這一點。

$$\overline{x} = \frac{\displaystyle\sum_{i=1}^{K} x_i f_i}{\displaystyle\sum_{i=1}^{K} f_i} = \sum_{i=1}^{K} x_i \frac{f_i}{\displaystyle\sum_{i=1}^{K} f_i} \qquad \text{（公式 2.10）}$$

由上式可以清楚地看出，加權算術平均數受各組變數值（x_i）和各組權數（即頻率 $f_i / \sum f_i$）大小的影響。頻率越大，對應的變數值計入平均數的百分比也越大，對平均數的影響就越大；反之，頻率越小，對應的變數值計入平均數的百分比也越小，對平均數的影響就越小。這就是權數權衡輕重作用的實質。

算術平均數在統計學中具有重要的地位，它是進行統計分析和統計推斷的基礎。從統計思想上看，算術平均數是一組資料的重心所在，它是消除一些隨機因素的影響或資料誤差相互抵消後的必然結果。

算術平均數具有下面一些重要的數學性質，這些數學性質實際有著廣泛的應用，同時也表現了算術平均數的統計思想。

（1）各變數值與其算術平均數的離差之和等於零，即：

$$\sum_{i=1}^{n}(x_i - \overline{x}) = 0 \text{ 或 } \sum_{i=1}^{k}(x_i - \overline{x})f_i = 0 \qquad （公式 2.11）$$

（2）各變數值與其算術平均數的離差平方和最小，即：

$$\sum_{i=1}^{n}(x_i - \overline{x})^2 = \min \text{ 或 } \sum_{i=1}^{k}(x_i - \overline{x})^2 f_i = \min \qquad （公式 2.12）$$

4. 調和平均數

在實際工作中，經常會遇到只有各組變數值和各組標識總量，而缺少整體單位數的情況，這時就要使用調和平均數法來計算平均指標。調和平均數是各個變數值倒數的算術平均數的倒數，習慣上用 H 表示。計算公式如下：

$$H = \frac{m_1 + m_2 + \cdots + m_k}{\dfrac{m_1}{x_1} + \dfrac{m_2}{x_2} + \cdots + \dfrac{m_k}{x_k}} = \frac{\displaystyle\sum_{i=1}^{K} m_i}{\displaystyle\sum_{i=1}^{K} \dfrac{m_i}{x_i}} \qquad （公式 2.13）$$

調和平均數和算術平均數在本質上是一致的，唯一的區別是計算時使用了不同的資料。在實際應用時，可掌握這樣的原則：計算算術平均數時，當其分子資料未知時，就採用加權算術平均數計算平均數；當分母資料未知時，就採用加權調和平均數計算平均數。

$$H = \frac{\displaystyle\sum_{i=1}^{K} m_i}{\displaystyle\sum_{i=1}^{K} \dfrac{m_i}{x_i}} = \frac{\displaystyle\sum_{i=1}^{K} x_i f_i}{\displaystyle\sum_{i=1}^{K} \dfrac{x_i f_i}{x_i}} = \frac{\displaystyle\sum_{i=1}^{K} x_i f_i}{\displaystyle\sum_{i=1}^{K} f_i} = \overline{x} \qquad （公式 2.14）$$

5. 幾何平均數

幾何平均數是適用於特殊資料的一種平均數,在實際生活中,通常用來計算平均比率和平均速度。當所掌握的變數值本身是比率的形式,而且各比率的乘積等於總的比率時,就採用幾何平均法計算平均比率。

$$G_M = \sqrt[N]{X_1 \times X_2 \times \cdots \times X_N} = \sqrt[N]{\prod_{i=1}^{N} X_i} \qquad (公式\ 2.15)$$

也可看作是算術平均數的一種變形:

$$\log G_M = \frac{1}{N}(\log X_1 + \log X_2 + \cdots + \log X_N) = \frac{\sum_{i=1}^{N} \log X_i}{N} \qquad (公式\ 2.16)$$

6. 眾數、中位數與算術平均數的關係

算術平均數與眾數、中位數的關係取決於頻數分佈的狀況。它們的關係如下:

(1) 當資料具有單一眾數且頻數分佈對稱時,算術平均數與眾數、中位數三者完全相等,即 $M_0 = M_e = \bar{x}$。

(2) 當頻數分佈呈現右偏態時,說明資料存在最大值,必然拉動算術平均數向極大值一方靠,則三者之間的關係為 $\bar{X} > M_e > M_0$。

(3) 當頻數分佈呈現左偏態時,說明資料存在最小值,必然拉動算術平均數向極小值一方靠,而眾數和中位數由於是位置平均數,不受極值的影響,因此,三者之間的關係為 $\bar{X} < M_e < M_0$。

當頻數分佈出現偏態時,極端值對算術平均數產生很大的影響,而對眾數、中位數沒有影響,此時,用眾數、中位數作為一組資料的中心值比算術平均數有更高的代表性。算術平均數與眾數、中位數從數值上的關

係看，當頻數分佈的偏斜程度不是很大時，無論是左偏還是右偏，眾數與中位數的距離都約為算術平均數與中位的距離的兩倍，即：

$$\left| M_e - M_0 \right| = 2 \left| \bar{X} - M_e \right|$$
$$M_0 = \bar{X} - 3(\bar{X} - M_e) = 3M_e - 2\bar{X}$$

（公式 2.17）

2.1.2 資料分佈離散程度的測定

資料分佈的離散程度是描述資料分佈的另一個重要特徵，它反映各變數值遠離其中心值的程度，因此也稱為離中趨勢。它從另一個側面說明了集中趨勢測度值的代表程度，不同類型的資料有不同的離散程度測度值。描述資料離散程度的測度值主要有異眾比率、極差、四分位差、平均差、方差和標準差、離散係數等，這些指標我們又稱為變異指標。

1. 異眾比率

異眾比率是衡量眾數對一組資料的代表性程度的指標。異眾比率越大，說明非眾陣列的頻數佔總頻數的比重就越大，眾數的代表性就越差；反之，異眾比率越小，眾數的代表性就越好。異眾比率主要用於測度定類資料、定序資料的離散程度。

$$V_r = \frac{\sum F_i - F_m}{\sum F_i} = 1 - \frac{F_m}{\sum F_i}$$

（公式 2.18）

其中，$\sum F_i$ 為變數值的總頻數，F_m 為眾陣列的頻數。

2. 極差

極差指一組資料的最大值與最小值之差，是離散程度最簡單的測度值。極差的測度：

（1）未分組資料：

$$R=\max(X_i) - \min(X_i) \qquad （公式 2.19）$$

（2）組距分組資料：在組距分組中，各組之間的設定值界限稱為組限，一個組的最小值稱為下限，最大值稱為上限；上限與下限的差值稱為組距；上限與下限值的平均數稱為組中值，它是一組變數值的代表值。

3. 四分位差

中位數是從中間點將全部資料等距為兩部分。與中位數類似的還有四分位數、八分位數、十分位數和百分位數等，它們分別是用 3 個點、7 個點、9 個點和 99 個點將資料四等距、八等距、十等距和 100 等距後各分位點上的值。這裡只介紹四分位數的計算，其他分位數與之類似。

一組資料排序後處於 25％和 75％位置上的值稱為四分位數，也稱四分位點。四分位數是透過 3 個點將全部資料等距為 4 部分，其中每部分包含 25％的資料。很顯然，中間的分位數就是中位數，因此，通常所說的四分位數是指處在 25％位置上的數值（下四分位數）和處在 75％位置上的數值（上四分位數）。與中位數的計算方法類似，根據未分組資料計算四分位數時，首先對資料進行排序，然後確定四分位數所在的位置。

（1）四分位數的確定
設下四分位數為 Q_L，上四分位數為 Q_U。

① 未分組資料

$$Q_L = X_{\frac{n+1}{4}} \qquad Q_U = X_{\frac{3(n+1)}{4}} \qquad （公式 2.20）$$

當四分位數不在某一個位置上時，可根據四分位數的位置按比例分攤四分位數兩側的差值。

② 單變數值分組資料

$$Q_L = X_{\frac{\sum f}{4}} \qquad Q_U = X_{3\frac{\sum f}{4}} \qquad （公式 2.21）$$

③ 組距分組資料

$$Q_L = L + \frac{\frac{\sum f}{4} - S_L}{f_L} \cdot i \qquad Q_U = U + \frac{\frac{3\sum f}{4} - S_U}{f_U} \cdot i \qquad （公式 2.22）$$

（2）四分位差

四分位數是離散程度的測度值之一，是上四分位數與下四分位數之差，又稱為四分位差，亦稱為內距或四分間距，用 Q_d 表示。四分位差的計算公式為：

$$Q_d = Q_U - Q_L \qquad （公式 2.23）$$

4. 平均差

平均差是各變數值與其算術平均數離差絕對值的平均數，用 M_d 表示，是離散程度的測度值之一。它能全面反映一組資料的離散程度，但該方法數學性質較差，實際應用較少。

（1）簡單平均法

對於未分組資料，採用簡單平均法。其計算公式為：

$$M_D = \frac{\sum_{i=1}^{N} |X_i - \bar{X}|}{N} \qquad （公式 2.24）$$

（2） 加權平均法

在資料分組的情況下，採用加權平均法。其計算公式為：

$$M_D \doteq \frac{\sum_{i=1}^{K}|X_i - \bar{X}|F_i}{\sum_{i=1}^{K}F_i}$$
（公式 2.25）

5. 方差和標準差

方差和標準差與平均差一樣，也是根據全部資料計算的，反映每個資料
與其算術平均數相比平均相差的數值，因此它能準確地反映出資料的差
異程度。但與平均差在計算時的處理方法不同，平均差是取離差的絕對
值消除正負號，而方差、標準差是取離差的平方消除正負號，這樣更加
便於數學上的處理。因此，方差、標準差是實際應用最廣泛的離中程度
度量值。

（1） 設整體的方差為 σ^2，標準差為 σ，對於未分組整理的原始資料，方
　　　差和標準差的計算公式分別為：

$$\sigma^2 = \frac{\sum_{i=1}^{N}(X_i - \bar{X})^2}{N} \qquad \sigma = \sqrt{\frac{\sum_{i=1}^{N}(X_i - \bar{X})^2}{N}}$$
（公式 2.26）

（2） 對於分組資料，方差和標準差的計算公式分別為：

$$\sigma^2 \doteq \frac{\sum_{i=1}^{K}(X_i - \bar{X})^2 F_i}{\sum_{i=1}^{K}F_i} \qquad \sigma \doteq \sqrt{\frac{\sum_{i=1}^{K}(X_i - \bar{X})^2 F_i}{\sum_{i=1}^{K}F_i}}$$
（公式 2.27）

（3） 樣本的方差和標準差。樣本的方差、標準差與整體的方差、標準差
　　　在計算上有所差別。整體的方差和標準差在對各個離差平方平均時

是除以資料個數或總頻數,而樣本的方差和標準差在對各個離差平方平均時,是用樣本資料個數或總頻數減 1(自由度)去除總離差平方和。

設樣本的方差為 S^2,標準差為 S,對於未分組整理的原始資料,方差和標準差的計算公式為:

$$S^2_{n-1} = \frac{\sum_{i=1}^{n}(x_i - \overline{x})^2}{n-1} \qquad S_{n-1} = \sqrt{\frac{\sum_{i=1}^{n}(x_i - \overline{x})^2}{n-1}} \qquad (公式\ 2.28)$$

對於分組資料,方差和標準差的計算公式為:

$$S^2_{n-1} \doteq \frac{\sum_{i=1}^{k}(x_i - \overline{x})^2 f_i}{\sum_{i=1}^{k} f_i - 1} \qquad S_{n-1} \doteq \sqrt{\frac{\sum_{i=1}^{k}(x_i - \overline{x})^2 f_i}{\sum_{i=1}^{k} f_i - 1}} \qquad (公式\ 2.29)$$

當 n 很大時,樣本方差 S^2 與整體方差 σ^2 的計算結果相差很小,這時樣本方差也可以用整體方差的公式來計算。

6. 相對離散程度:離散係數

前面介紹的平均差、方差和標準差都是反映一組數值變異程度的絕對值,其數值的大小不僅取決於數值的變異程度,而且還與變數值水準的高低、計量單位的不同有關。所以,不宜直接利用上述變異指標對不同水準、不同計量單位的現象進行比較,應當先進行無量綱化處理,即將上述反映資料的絕對差異程度的變異指標轉化為反映相對差異程度的指標,再進行對比。離散係數通常用 V 表示,常用的離散係數為標準差係數,它測度了資料的相對離散程度。對不同組別資料離散程度的比較計算公式為:

$$V_\sigma = \frac{\sigma}{\overline{X}} \ 或 \ V_s = \frac{S}{\overline{X}}$$ （公式 2.30）

2.1.3 資料分佈偏態與峰度的測定

偏態和峰度就是對這些分佈特徵的描述。偏態是對資料分佈的偏移方向和程度的進一步描述，峰度是對資料分佈的扁平程度的描述。對於偏斜程度的描述用偏態係數，對於扁平程度的描述用峰度係數。

1. 動差法

動差又稱矩，原是物理學上用以表示力與力臂對重心關係的術語，這個關係和統計學中變數與權數對平均數的關係在性質上非常類似，所以統計學也用動差來說明頻數分佈的性質。

一般來說，取變數的 a 值為中點，所有變數值與 a 之差的 K 次方的平均數稱為變數 X 關於 a 的 K 階動差。用公式表示即為：

$$\frac{\sum(X-a)^K}{N}$$ （公式 2.31）

當 $a=0$ 時，即變數以原點為中心，上式稱為 K 階原點動差，用大寫英文字母 M 表示。

一階原點動差：

$$M_1 = \frac{\sum X}{N}$$ （公式 2.32）

二階原點動差：

$$M_2 = \frac{\sum X^2}{N}$$ （公式 2.33）

三階原點動差：

$$M_3 = \frac{\sum X^3}{N} \qquad （公式 2.34）$$

當 $a = \bar{X}$ 時，即變數以算術平均數為中心，上式稱為 K 階中心動差，用小寫英文字母 m 表示。

一階中心動差：

$$m_1 = \frac{\sum (X - \bar{X})}{N} = 0 \qquad （公式 2.35）$$

二階中心動差：

$$m_2 = \frac{\sum (X - \bar{X})^2}{N} = \sigma^2 \qquad （公式 2.36）$$

三階中心動差：

$$m_3 = \frac{\sum (X - \bar{X})^3}{N} \qquad （公式 2.37）$$

2. 偏態及其測度

偏態是對分佈偏斜方向及程度的度量。從前面的內容中我們已經知道，頻數分佈有對稱的，也有不對稱的（即偏態的）。在偏態的分佈中，又有兩種不同的形態，即左偏和右偏。我們可以利用眾數、中位數和算術平均數之間的關係來判斷分佈是左偏還是右偏，但要度量分佈偏斜的程度，就需要計算偏態係數。

採用動差法計算偏態係數是用變數的三階中心動差 m_3 與 σ^3 進行對比，計算公式為：

$$a = \frac{m_3}{\sigma^3}$$ （公式 2.38）

當分佈對稱時，變數的三階中心動差 m_3 由於離差三次方後正負相互抵消而取得 0 值，則 $a=0$；當分佈不對稱時，正負離差不能抵消，就形成正的或負的三階中心動差 m_3。當 m_3 為正值時，表示正偏離差值比負偏離差值要大，可以判斷為正偏或右偏；反之，當 m_3 為負值時，表示負偏離差值比正偏離差值要大，可以判斷為負偏或左偏。$|m_3|$ 越大，表示偏斜的程度就越大。由於三階中心動差 m_3 含有計量單位，為消除計量單位的影響，就用 σ^3 去除 m_3，使其轉化為相對數。同樣地，a 的絕對值越大，表示偏斜的程度就越大。

3. 峰度及其測度

峰度是用來衡量分佈的集中程度或分佈曲線的尖峭程度的指標。計算公式如下：

$$a_4 = \frac{m_4}{\sigma_4} = \frac{\sum (X - \bar{X})^4 F_i}{\sigma^4 \cdot \sum F_i}$$ （公式 2.39）

分佈曲線的尖峭程度與偶數階中心動差的數值大小有直接的關係，m_2 是方差，於是就以四階中心動差 m_4 來度量分佈曲線的尖峭程度。m_4 是一個絕對數，含有計量單位，為消除計量單位的影響，將 m_4 除以 σ^4，就得到無量綱的相對數。衡量分佈的集中程度或分佈曲線的尖峭程度，往往是以正態分佈的峰度作為比較標準的。

在正態分佈條件下，$m_4/\sigma^4=3$，將各種不同分佈的尖峭程度與正態分佈比較。當峰度 $a_4 > 3$ 時，表示分佈的形狀比正態分佈更瘦更高，這表示分佈比正態分佈更集中在平均數周圍，這樣的分佈稱為尖峰分佈。如圖 2.1 的（a）圖所示，當 $a_4=3$ 時，分佈為正態分佈；如圖 2.1 的（b）圖所示，當 $a_4 < 3$ 時，表示分佈比正態分佈更扁平，這表示分佈比正態分佈更分散，這樣的分佈稱為扁平分佈。

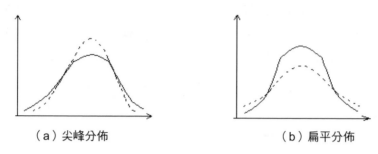

（a）尖峰分佈　　　　　　　（b）扁平分佈

▲ 圖 2.1 尖峰與平峰分佈示意圖

2.2 資料的相關性

資料的相關性是指資料之間存在某種關係。巨量資料時代，資料相關分析因其具有可以快捷、高效率地發現事物間內在連結的優勢而受到廣泛關注，並有效地應用於推薦系統、商業分析、公共管理、醫療診斷等領域。資料相關性可以使用時序分析、空間分析等方法進行分析。資料相關性分析也面對著高維資料、多變數資料、大規模資料、增長性資料及其可計算方面的挑戰。

2.2.1 相關關係

資料相關關係是指兩個或兩個以上變數設定值之間在某種意義下所存在的規律，其目的在於探尋資料集中所隱藏的相關關係網。從統計學角度看，變數之間的關係大體可分為兩種類型：函數關係和相關關係。一般情況下，資料很難滿足嚴格的函數關係，而相關關係要求寬鬆，所以被人們廣泛接受。需要進一步說明的是，研究變數之間的相關關係主要從兩個方向進行：一是相關分析，即透過引入一定的統計指標量化變數之間的相關程度；另一個是回歸分析，回歸分析不僅刻畫相關關係，更重要的是刻畫因果關係。

1. 對於不同測量尺度的變數，有不同的相關係數可用

（1）Pearson 相關係數（Pearson's R）：衡量兩個等距尺度或等比尺度變數的相關性。它是最常見的，也是學習統計學時第一個接觸的相關係數。

（2）淨相關（Partial Correlation）：在模型中有多個自變數（或解釋變數）時，去除掉其他自變數的影響，只衡量特定一個自變數與因變數之間的相關性。自變數和因變數皆為連續變數。

（3）相關比（Correlation Ratio）：衡量兩個連續變數的相關性。

（4）Gamma 相關係數：衡量兩個次序尺度變數的相關性。

（5）Spearman 等級相關係數（Spearman's Rank Correlation Coefficient）：衡量兩個次序尺度變數的相關性。

（6）Kendall 等級相關係數（Kendall Tau Rank Correlation Coefficient）：衡量兩個人為次序尺度變數（原始資料為等距尺度）的相關性。

（7）Kendall 和諧係數（Kendall's Coefficient of Concordance）：衡量兩個次序尺度變數的相關性。

（8）Phi 相關係數（Phi Coefficient）：衡量兩個真正名目尺度的二分變數的相關性。

（9） 列聯相關係數（Contingency Coefficient）：衡量兩個真正名目尺度變數的相關性。

（10）四分相關（Tetrachoric Correlation）：衡量兩個人為名目尺度（原始資料為等距尺度）的二分變數的相關性。

（11）Kappa 一致性係數（K Coefficient of Agreement）：衡量兩個名目尺度變數的相關性。

（12）點二系列相關係數（Point-Biserial Correlation Coefficient）：X 變數是真正名目尺度的二分變數。Y 變數是連續變數。

（13）二系列相關係數（Biserial Correlation Coefficient）：X 變數是人為名目尺度二分變數。Y 變數是連續變數。

2. 不同類型態資料的相關分析

（1） 高維資料的相關分析

在探索隨機向量間相關性度量的研究中，隨機向量的高維特徵導致巨大的矩陣計算量，這也成為高維資料相關分析中的關鍵困難問題。面臨高維特徵空間的相關分析時，資料可能呈現區塊分佈現象，如醫療資料倉儲、電子商務推薦系統。探測高維特徵空間中是否存在資料的區塊分佈現象，並發現各資料區塊對應的特徵子空間，從本質上來看，這是基於相關關係度量的特徵子空間發現問題。結合子空間聚類技術發現相關特徵子空間，並以此為基礎探索新的分塊矩陣計算方法，有望為高維資料相關分析與處理提供有效的求解途徑。然而，面臨的挑戰在於：①如果資料維度很高，資料表示非常稀疏，如何保證相關關係度量的有效性？②分塊矩陣的計算可以有效提升計算效率，但是如何對分塊矩陣的計算結果進行融合？

（2） 多變數資料的相關分析

在現實的巨量資料相關分析中，往往面臨多變數的情況。顯然，發展多變數非線性相關關係的度量方法是我們面臨的重要挑戰。

（3） 大規模資料的相關分析

巨量資料時代，相關分析面向的是資料集的整體，因此，試圖高效率地開展相關分析與處理仍然非常困難。為了快速計算巨量資料的相關性，需要探索資料集整體的拆分與融合策略。顯然，在這種「分而治之」的策略中，如何有效保持整體的相關性，是大規模資料相關分析中必須解決的關鍵問題。有關學者舉出了一種可行的拆分與融合策略，也指出了隨機拆分策略是可能的解決路徑。當然，在設計拆分與融合策略時，如何確定樣本子集規模、如何保持子集之間的資訊傳遞、如何設計各子集結果的融合原理等都是具有挑戰性的問題。

（4） 增長性資料的相關分析

巨量資料中，資料呈現快速增長特徵。更為重要的是，諸如電子商務精準推薦等典型增長性資料相關分析任務迫切需要高效的線上相關分析技術。就增長性資料而言，可表現為樣本規模的增長、維數規模的增長以及資料設定值的動態更新。顯然，對增長性資料相關分析而言，特別是對線上相關分析任務而言，每次對資料整體進行重新計算對於使用者而言是難以接受的，更難以滿足使用者的即時性需求。我們認為，無論何種類型的資料增長，往往與原始資料集存在某種連結模式，利用已有的連結模式設計具有遞推關係的批增量演算法是一種行之有效的計算策略。那麼，巨量資料導向的相關分析任務，探測增長性資料與原始資料集的連結模式，進而發展具有遞推關係的高效批增量演算法，可為增長性資料相關分析尤其是線上相關分析提供有效的技術手段。

3. 相關關係的種類

現象之間的相互關係很複雜，它們涉及的變動因素多少不同、作用方向不同，表現出來的形態也不同。相關關係大體有以下幾種分類。

（1） 正相關與負相關

按相關關係的方向分，可分為正相關和負相關。當兩個因素（或變數）的變動方向相同時，即引數 x 值增大（或減小），因變數 y 值也對應地增大（或減小），這樣的關係就是正相關。例如家庭消費支出隨收入增加而增加就屬於正相關。如果兩個因素（或變數）變動的方向相反，即引數 x 值增大（或減小），因變數 y 值隨之減小（或增大），則稱為負相關。例如商品流通費用率隨商品經營規模的增大而逐漸降低就屬於負相關。

（2） 單相關與複相關

按相關關係引數的多少分，可分為單相關和複相關。單相關是指兩個變數之間的相關關係，即所研究的問題只涉及一個引數和一個因變數，如職工的生活水準與薪水之間的關係就是單相關。複相關是指三個或三個以上變數之間的相關關係，即所研究的問題涉及若干個引數與一個因變數，如同時研究成本、市場供求狀況、消費傾向對利潤的影響時，這幾個因素之間的關係就是複相關。

（3） 線性相關與非線性相關

按相關關係的表現形態分，可分為線性相關與非線性相關。線性相關是指在兩個變數之間，當引數 x 值發生變動時，因變數 y 值發生大致均等的變動，在相關圖的分佈上近似地表現為直線形式。比如，商品銷售額與銷售量即為線性相關。非線性相關是指在兩個變數之間，當引數 x 值發生變動時，因變數 y 值發生不均等的變動，在相關圖的分佈上表現為 物線、雙曲線、指數曲線等非直線形式。比如，從人的生命全過程來看，年齡與醫療費支出呈非線性相關。

（4）完全相關、不完全相關與不相關

按相關關係的相關程度分，可分為完全相關、不完全相關和不相關。完全相關是指兩個變數之間具有完全確定的關係，即因變數 y 值完全隨引數 x 值的變動而變動，它在相關圖上表現為所有的觀察點都落在同一條直線上，這時相關關係就轉化為函數關係。不相關是指兩個變數之間不存在相關關係，即兩個變數的變動彼此互不影響。引數 x 值變動時，因變數 y 值不隨之進行對應變動。比如，家庭收入多少與孩子多少之間不存在相關關係。不完全相關是指介於完全相關和不相關之間的一種相關關係。比如，農作物產量與播種面積之間的關係。不完全相關關係是統計研究的主要物件。

2.2.2 相關分析

1. 相關分析的主要內容

相關分析是指對客觀現象的相互依存關係進行分析、研究，這種分析方法叫相關分析法。相關分析的目的在於研究相互關係的密切程度及其變化規律，以便做出判斷，進行必要的預測和控制。相關分析的主要內容如下。

（1）確定現象之間有無相關關係

這是相關與回歸分析的起點，只有存在相互依存關係，才有必要進行進一步的分析。

（2）確定相關關係的密切程度和方向

相關關係的密切程度主要是透過繪製相關圖表和計算相關係數確定的，只有達到一定密切程度的相關關係才可以配合具有一定意義的回歸方程式。

（3）確定相關關係的數學運算式

為確定現象之間變化上的一般關係，我們必須使用函數關係的數學公式作為相關關係的數學運算式。如果現象之間表現為直線相關，我們可採用配合直線方程式的方法；如果現象之間表現為曲線相關，我們可採用配合曲線方程式的方法。

（4）確定因變數估計值的誤差程度

使用配合直線或曲線的方法可以找到現象之間一般的變化關係，也就是引數 x 變化時，因變數 y 將發生多大的變化。根據得出的直線方程式或曲線方程式，我們可以給出自變數的若干個數值，求出因變數的若干個估計值。估計值與實際值是有出入的，確定因變數估計值誤差大小的指標是估計標準誤差。估計標準誤差大，表明估計不太精確；估計標準誤差小，表明估計較精確。

2. 相關關係的測定

相關分析的主要方法有相關表、相關圖和相關係數三種，這三種方法分別說明如下。

（1）相關表

在統計中，製作相關表或相關圖可以直觀地判斷現象之間大致存在的相關關係的方向、形式和密切程度。

在對現象整體中兩種相關變數進行相關分析，以研究其相互依存關係時，如果將實際調查取得的一系列成對變數值的資料按順序排列在一張表格上，這張表格就是相關表。相關表仍然是統計表的一種。根據資料是否分組，相關表可以分為簡單相關表和分組相關表。

① 簡單相關表

簡單相關表是資料未經分組的相關表，它是一個把引數按從小到大的順序並配合因變數一一對應平行排列起來的統計表。

② 分組相關表

在大量觀察的情況下，原始資料很多，運用簡單相關表表示就很難使用。這時就要將原始資料進行分組，然後編制相關表，這種相關表稱為分組相關表。分組相關表包括單變數分組相關表和雙變數分組相關表兩種。

- 單變數分組相關表。在原始資料很多時，對引數數值進行分組，而對應的因變數不分組，只計算其平均值，根據資料的具體情況，引數可以是單項式，也可以是組距式。
- 雙變數分組相關表。對兩種有關變數都進行分組，交叉排列，並列出兩種變數各組間的共同次數，這種統計表稱為雙變數分組相關表。這種表格形似棋盤，故又稱棋盤式相關表。

（2）相關圖

相關圖又稱散點圖。它是以直角坐標系的橫軸代表引數 x，縱軸代表因變數 y，將兩個變數間相對應的變數值用座標點的形式描繪出來，用來反映兩個變數之間相關關係的圖形。

相關圖可以按未經分組的原始資料來編制，也可以按分組的資料（包括按單變數分組相關表和雙變數分組相關表）來編制。透過相關圖將發現，當 y 對 x 是函數關係時，所有的相關點都會分佈在某一條線上；在相關關係的情況下，由於其他因素的影響，這些點並非處在一條線上，但所有相關點的分佈也會顯示出某種趨勢。所以相關圖會很直觀地顯示現象之間相關的方向和密切程度。

（3）相關係數

相關表和相關圖大體說明了變數之間有無關係，但它們的相關關係的緊密程度卻無法表達，因此需運用數學解析方法建構一個恰當的數學模型來顯示相關關係及其密切程度。要對現象之間的相關關係的緊密程度做出確切的數量說明，就需要計算相關係數。

① 相關係數的計算

相關係數是在直線相關條件下說明兩個現象之間關係密切程度的統計分析指標，記為 γ。

相關係數的計算公式為：

$$\gamma = \frac{\sigma_{xy}^{2}}{\sigma_x \sigma_y} = \frac{\frac{1}{n}\sum(x-\bar{x})\sum(y-\bar{y})}{\sqrt{\frac{1}{n}\sum(x-\bar{x})^2}\sqrt{\frac{1}{n}\sum(y-\bar{y})^2}} \qquad （公式 2.40）$$

在公式中，n 為資料項數，$\bar{x}$ 為 x 變數的算術平均數，$\bar{y}$ 為 y 變數的算術平均數，σ_x 為 x 變數的標準差，σ_y 為 y 變數的標準差，σ_{xy} 為 xy 變數的協方差。

在實際問題中，如果根據原始資料計算相關係數，可運用相關係數的簡捷法計算，其計算公式為：

$$\gamma = \frac{n\sum xy - \sum x\sum y}{\sqrt{n\sum x^2 - (\sum x)^2}\sqrt{n\sum y^2 - (\sum y)^2}} \qquad （公式 2.41）$$

② 相關係數的分析

明晰相關係數的性質是進行相關係數分析的前提。現將相關係數的性質複習如下：

- 相關係數的設定值範圍在 -1 和 +1 之間，即 $-1 \leqslant \gamma \leqslant 1$。

- 計算結果，當 $\gamma > 0$ 時，x 與 y 為正相關；當 $\gamma < 0$ 時，x 與 y 為負相關。

- 相關係數 γ 的絕對值越接近 1，表示相關關係越強；γ 的絕對值越接近 0，表示相關關係越弱。如果 $|\gamma|=1$，則表示兩個現象完全直線相關。如果 $|\gamma|=0$，則表示兩個現象完全不相關（不是直線相關）。

- 相關係數 γ 的絕對值在 0.3 以下是無直線相關，0.3 以上是有直線相關，0.3~0.5 是低度直線相關，0.5~0.8 是顯著相關，0.8 以上是高度相關。

2.3 資料的聚類性

所謂資料聚類，是指根據資料的內在性質將資料分成一些聚合類，每一聚合類中的元素盡可能具有相同的特性，不同聚合類之間的特性差別盡可能大。

聚類分析的目的是分析資料是否屬於各個獨立的分組，使一組中的成員彼此相似，而與其他組中的成員不同。它對一個資料物件的集合進行分析，但與分類分析不同的是，所劃分的類是未知的，因此聚類分析也稱為無指導或無監督的（Unsupervised）學習。聚類分析的一般方法是將資料物件分組為多個類或簇（Cluster），在同一簇中的物件之間具有較高的相似度，而不同簇中的物件差異較大。由於聚類分析的上述特徵，在許多應用中，對資料集進行聚類分析之後，可將一個簇中的各資料物件作為一個整體對待。

資料聚類分析（Cluster Analysis）是對靜態資料分析的一門技術，在許多領域得到廣泛應用，包括機器學習、資料探勘、圖型辨識、影像分析以及生物資訊。

1. 聚類應用

隨著資訊技術的高速發展，資料庫應用的規模、範圍和深度的不斷擴大，大量資料得以累積，而這些激增的資料後面隱藏著許多重要的資訊，因此人們希望能夠對其進行更高層次的分析，以便更進一步地利用這些資料。目前的資料庫系統可以高效、方便地實現資料的輸入、查詢、統計等功能，但是無法發現資料中存在的各種關係和規則，更無法根據現有的資料預測未來的發展趨勢。而資料聚類分析正是解決這一問題的有效途徑，它是資料探勘的重要組成部分，用於發現在資料庫中未知的物件類，為資料探勘提供有力的支持，它是近年來廣為研究的問題之一。聚類分析是一個極富有挑戰性的研究領域，採用基於聚類分析方法的資料探勘在實踐中已獲得了較好的效果。聚類分析也可以作為其他一些演算法的前置處理步驟，聚類可以作為一個獨立的工具來獲知資料的分佈情況，使資料形成簇，其他演算法再在生成的簇上進行處理，聚類演算法既可作為特徵和分類演算法的前置處理步驟，也可將聚類結果用於進一步連結分析。迄今為止，人們提出了許多聚類演算法，所有這些演算法都試圖解決大規模資料的聚類問題。聚類分析還成功地應用在了圖型辨識、影像處理、電腦視覺、模糊控制等領域，並在這些領域中獲得了長足的發展。

2. 資料聚類

所謂聚類，就是將一個資料單位的集合分割成幾個稱為簇或類別的子集，每個類中的資料都有相似性，它的劃分依據就是「物以類聚」。資料聚類分析是根據事物本身的特性研究對被聚類的物件進行類別劃分的方法。聚類分析依據的原則是使同一聚簇中的物件具有盡可能大的相似性，而不同聚簇中的物件具有盡可能大的相異性，聚類分析主要解決的問題是如何在沒有先驗知識的前提下實現滿足這種要求的聚簇的聚合。聚類分析稱為無監督學習，主要表現在聚類學習的資料物件沒有類別標記，需要由聚類學習演算法自動計算。

3. 聚類類型

經過持續了半個多世紀的深入研究聚類演算法，聚類技術也已經成為最常用的資料分析技術之一，其各種演算法的提出、發展、演化也使得聚類演算法家族不斷壯大。下面就針對目前資料分析和資料探勘業界主流的認知對聚類演算法介紹。

（1）劃分方法

給定具有 n 個物件的資料集，採用劃分方法對資料集進行 k 個劃分，每個劃分（每個組）代表一個簇。$k \leq n$，並且每個簇至少包含一個物件，而且每個物件一般來説只能屬於一個組。對於給定的 k 值，劃分方法一般要做一個初始劃分，然後採取迭代重新定位技術，透過讓物件在不同組間移動來改進劃分的準確度和精度。一個好的劃分原則是：同一個簇中的物件之間的相似性很高（或距離很近），而不同簇的物件之間的相異度很高（或距離很遠）。

① K-Means 演算法：又叫 K 平均值演算法，這是目前最著名、使用最廣泛的聚類演算法。在替定一個資料集和需要劃分的數目 k 後，該演算法可以根據某個距離函數反覆把資料劃分到 k 個簇中，直到收斂為止。K-Means 演算法用簇中物件的平均值來表示劃分的每個簇，其大致的步驟是，首先隨機取出 k 個資料點作為初始的聚類中心（種子中心），然後

計算每個資料點到每個種子中心的距離，並把每個資料點分配到距離它最近的種子中心；一旦所有的資料點都被分配完成，每個聚類的聚類中心（種子中心）按照本聚類（本簇）的現有資料點重新計算；這個過程不斷重複，直到收斂，即滿足某個終止條件為止，最常見的終止條件是誤差平方和 SSE（指令集的簡稱）局部最小。

② K-Medoids 演算法：又叫 K 中心點演算法，該演算法用最接近簇中心的物件來表示劃分的每個簇。K-Medoids 演算法與 K-Means 演算法的劃分過程相似，兩者最大的區別是 K-Medoids 演算法是用簇中最靠近中心點的真實的資料物件來代表該簇的，而 K-Means 演算法是用計算出來的簇中物件的平均值來代表該簇的，這個平均值是虛擬的，並沒有一個真實的資料物件具有這些平均值。

（2）層次方法

在替定 n 個物件的資料集後，可用層次方法（Hierarchical Method）對資料集進行層次分解，直到滿足某種收斂條件為止。按照層次分解的形式不同，層次方法又可以分為凝聚層次聚類和分裂層次聚類。

① 凝聚層次聚類：又叫自底向上方法，一開始將每個物件作為單獨的一類，然後相繼合併與其相近的物件或類別，直到所有小的類別合併成一個類別，即層次的最上面，或達到一個收斂，即終止條件為止。

② 分裂層次聚類：又叫自頂向下方法，一開始將所有物件置於一個簇中，在迭代的每一步中，類別會被分裂成更小的類別，直到最終每個物件在一個單獨的類別中，或滿足一個收斂，即終止條件為止。

（3）基於密度的方法

傳統的聚類演算法都是基於物件之間的距離，即距離作為相似性的描述指標進行聚類劃分，但是這些基於距離的方法只能發現球狀類型的資料，而對非球狀類型的資料來說，只根據距離來描述和判斷是不夠的。鑑於此，人們提出了一個密度的概念—基於密度的方法（Density-Based Method），其原理是：只要鄰近區域內的密度（物件的數量）超過了某個設定值，就繼續聚類。換言之，給定某個簇中的每個資料點（資料物件），在一定範圍內必須包含一定數量的其他物件。該演算法從資料物件的分佈密度出發，把密度足夠大的區域連接在一起，因此可以發現任意形狀的類別。該演算法還可以過濾雜訊資料（異常值）。基於密度的方法的典型演算法包括 DBSCAN（Density-Based Spatial Clustering of Application with Noise）及其擴充演算法 OPTICS（Ordering Points to Identify the Clustering Structure）。其中，DBSCAN 演算法會根據一個密度設定值來控制簇的增長，將具有足夠高密度的區域劃分為類別，並可在帶有雜訊的空間資料庫裡發現任意形狀的聚類。儘管此演算法優勢明顯，但是其最大的缺點是，該演算法需要使用者確定輸入參數，而且對參數十分敏感。

（4）基於網格的方法

基於網格的方法（Grid-Based Method）將把物件空間量化為有限數目的單元，而這些單元則形成了網格結構，所有的聚類操作都是在這個網格結構中進行的。該演算法的優點是處理速度快，其處理時間常常獨立於資料物件的數目，只跟量化空間中每一維的單元數目有關。基於網格的方法的典型演算法是 STING（Statistical Information Grid，統計資訊網格方法）演算法。該演算法是一種基於網格的多解析度聚類技術，將空間區域劃分為不同解析度等級的矩形單元，並形成一個層次結構，且高層的低解析度單元會被劃分為多個低一層次的較高解析度單元。這種演算法從最底層的網格開始逐漸向上計算網格內資料的統計資訊並儲存。網格建立完成後，用類似 DBSCAN 的方法對網格進行聚類。

4. 資料聚類需解決的問題

在聚類分析的研究中，有許多丞待進一步解決的問題，如①處理巨量資料量、具有複雜資料型態的資料集合時，聚類分析結果的精確性問題；②對高屬性維資料的處理能力；③資料物件分佈形狀不規則時的處理能力；④處理雜訊資料的能力，能夠處理資料中包含的孤立點，以及未知資料、空缺或錯誤的資料；⑤對資料登錄順序的獨立性，也就是對於任意的資料登錄順序產生相同的聚類結果；⑥減少對先決知識或參數的依賴性等問題。這些問題的存在使得我們研究高正確率、低複雜度、I/O 銷耗小、適合高維資料、具有高度的可伸縮性的聚類方法迫在眉睫，這也是今後聚類方法研究的方向。

5. 資料聚類應用

聚類分析可以作為一個獨立的工具來獲得資料的分佈情況，透過觀察每個簇的特點，集中對特定的某些簇進行進一步分析，以獲取需要的資訊。聚類分析應用廣泛，除了在資料探勘、圖型辨識、影像處理、電腦視覺、模糊控制等領域的應用外，它還被應用在氣象分析、食品檢驗、生物種群劃分、市場細分、業績評估等諸多方面。例如在商務上，聚類分析可以幫助市場分析人員從客戶基本資料庫中發現不同的客戶群，並且用購買模式來刻畫不同的客戶群的特徵；在詐騙探測中，聚類中的孤立點就可能預示著詐騙行為的存在。聚類分析的發展過程也是聚類分析的應用過程，目前聚類分析在相關領域已經獲得了豐碩的成果。

2.4 資料主成分分析

在實際問題中，我們經常會遇到研究多個變數的問題，而且在多數情況下，多個變數之間常常存在一定的相關性。變數個數較多，再加上變數之間的相關性，勢必會增加分析問題的複雜性。如何將多個變數綜合為少數幾個代表性變數，既能夠代表原始變數的絕大多數資訊，又互不相關，並且在新的綜合變數的基礎上可以進一步進行統計分析，這時就需要進行主成分分析。

2.4.1 主成分分析的原理及模型

1. 主成分分析的原理

主成分分析是採取一種數學降維的方法找出幾個綜合變數來代替原來許多的變數，使這些綜合變數能盡可能地代表原來變數的資訊量，而且彼此之間互不相關。這種把多個變數化為少數幾個互不相關的綜合變數的統計分析方法叫作主成分分析或主分量分析。

主成分分析所要做的就是設法將原來許多具有一定相關性的變數重新組合為一組新的互不相關的綜合變數來代替原來的變數。一般來說數學上的處理方法就是將原來的變數進行線性組合，作為新的綜合變數，但是這種組合如果不加以限制，則可以有很多，應該如何選擇呢？如果將選取的第一個線性組合（即第一個綜合變數）記為 F_1，自然希望它盡可能多地反映原來變數的資訊，這裡「資訊」用方差來測量，即希望 $\mathrm{Var}(F_1)$ 越大，表示 F_1 包含的資訊越多。因此，在所有的線性組合中所選取的 F_1 應該是方差最大的，故稱 F_1 為第一主成分。如果第一主成分不足以代表

原來 P 個變數的資訊,再考慮選取 F_2(即第二個線性組合)。為了有效地反映原來的資訊,F_1 已有的資訊就不需要再出現在 F_2 中,用數學語言表達就是要求 $\text{Cov}(F_1, F_2)=0$,稱 F_2 為第二主成分,依此類推,直到構造出第 P 個主成分。

2. 主成分分析的數學模型

對於一個樣本資料,觀測 p 個變數 $x_1, x_2, \cdots, x_p$,n 個樣品的資料資料陣列為:

$$X = \begin{pmatrix} x_{11} & x_{12} & \cdots & x_{1p} \\ x_{21} & x_{22} & \cdots & x_{2p} \\ \vdots & \vdots & \vdots & \vdots \\ x_{n1} & x_{n2} & \cdots & x_{np} \end{pmatrix} = (x_1, x_2, \cdots, x_p) \qquad (公式 2.42)$$

其中,$x_j = \begin{pmatrix} x_{1j} \\ x_{2j} \\ \vdots \\ x_{nj} \end{pmatrix}, j = 1, 2, \cdots, p$。

主成分分析就是將 p 個觀測變數綜合成為 p 個新的變數(綜合變數),即:

$$\begin{cases} F_1 = a_{11}x_1 + a_{12}x_2 + \cdots + a_{1p}x_p \\ F_2 = a_{21}x_1 + a_{22}x_2 + \cdots + a_{2p}x_p \\ \qquad\qquad \cdots \\ F_p = a_{p1}x_1 + a_{p2}x_2 + \cdots + a_{pp}x_p \end{cases} \qquad (公式 2.43)$$

簡寫為:

$$F_j = a_{j1}x_1 + a_{j2}x_2 + \cdots + a_{jp}x_p \qquad (公式 2.44)$$

其中,$j=1, 2, \cdots, p$。

要求模型滿足以下條件：

① F_i, F_j 互不相關（$i \neq j$，$i,j=1,2,\cdots,p$）。

② F_1 的方差大於 F_2 的方差大於 F_3 的方差。

③ $a_{k1}^2 + a_{k2}^2 + \cdots + a_{kp}^2 = 1, k = 1,2,\cdots,p$。

於是，稱 F_1 為第一主成分，F_2 為第二主成分，依此類推，F_p 為第 p 主成分。主成分又叫主分量。這裡 a_{ij} 我們稱為主成分係數。

上述模型可用矩陣表示為：$F=AX$。其中：

$$F = \begin{pmatrix} F_1 \\ F_2 \\ \vdots \\ F_p \end{pmatrix} \qquad X = \begin{pmatrix} x_1 \\ x_2 \\ \vdots \\ x_p \end{pmatrix} \qquad （公式 2.45）$$

$$A = \begin{pmatrix} a_{11} & a_{12} & \cdots & a_{1p} \\ a_{21} & a_{22} & \cdots & a_{2p} \\ \vdots & \vdots & \vdots & \vdots \\ a_{p1} & a_{p2} & \cdots & a_{pp} \end{pmatrix} = \begin{pmatrix} a_1 \\ a_2 \\ \vdots \\ a_p \end{pmatrix} \qquad （公式 2.46）$$

A 稱為主成分係數矩陣。

2.4.2 主成分分析的幾何解釋

假設有 n 個樣品，每個樣品有兩個變數，即在二維空間中討論主成分的幾何意義。設 n 個樣品在二維空間中的分佈大致為一個橢圓，如圖 2.2 所示。

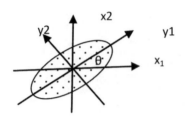

▲ 圖 2.2　主成分幾何解釋圖

將坐標系進行正交旋轉一個角度 θ，使其橢圓長軸方向取座標 y_1，在橢圓短軸方向取座標 y_2，旋轉公式為：

$$\begin{cases} y_{1j} = x_{1j}\cos\theta + x_{2j}\sin\theta \\ y_{2j} = x_{1j}(-\sin\theta) + x_{2j}\cos\theta \end{cases} \qquad (公式\ 2.47)$$

其中，$j=1,2,\cdots,n$。

寫成矩陣形式為：

$$Y = \begin{bmatrix} y_{11} & y_{12} & \cdots & y_{1n} \\ y_{21} & y_{22} & \cdots & y_{2n} \end{bmatrix} = \begin{bmatrix} \cos\theta & \sin\theta \\ -\sin\theta & \cos\theta \end{bmatrix} \cdot \begin{bmatrix} x_{11} & x_{12} & \cdots & x_{1n} \\ x_{21} & x_{22} & \cdots & x_{2n} \end{bmatrix} = U \cdot X \qquad (公式\ 2.48)$$

其中，U 為座標旋轉變換矩陣，它是正交矩陣，即有 $U'=U^{-1}, UU'=I$，即滿足：$\sin^2\theta + \cos^2\theta = 1$。

經過旋轉變換後，得到如圖 2.3 所示的新座標。

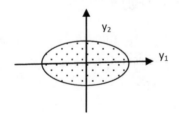

▲ 圖 2.3　主成分幾何解釋圖

新座標 y_1–y_2 有以下性質：

- n 個點的座標 y_1 和 y_2 的相關性幾乎為零。
- 二維平面上的 n 個點的方差大部分都歸結在 y_1 軸上，而 y_2 軸上的方差較小。

y_1 和 y_2 稱為原始變數 x_1 和 x_2 的綜合變數。由於 n 個點在 y_1 軸上的方差最大，因而將二維空間的點用 y_1 軸上的一維綜合變數來代替，所損失的資訊量最小，由此稱 y_1 軸為第一主成分，y_2 軸與 y_1 軸正交，有較小的方差，稱它為第二主成分。

2.4.3 主成分的匯出

根據主成分分析的數學模型的定義，要進行主成分分析，就需要根據原始資料以及模型的三個條件的要求求出主成分係數，以便得到主成分模型。這就是匯出主成分所要解決的問題。

（1） 根據主成分數學模型的條件①要求主成分之間互不相關，為此主成分之間的協差陣應該是一個對角陣，即對於主成分：

$$F = AX \qquad\qquad （公式 2.49）$$

其協差陣應為：

$$\mathrm{Var}(F) = \mathrm{Var}(AX) = (AX) \cdot (AX)' = AXX'A'$$

$$= \Lambda = \begin{pmatrix} \lambda_1 & & & \\ & \lambda_2 & & \\ & & \ddots & \\ & & & \lambda_p \end{pmatrix} \qquad （公式 2.50）$$

（2）設原始資料的協方差矩陣為 V，如果原始資料進行了標準化處理，則協方差陣等於相關矩陣，即有：

$$V = R = XX'$$ （公式 2.51）

（3）再由主成分數學模型條件③和正交矩陣的性質，若能夠滿足條件③，則最好要求 A 為正交矩陣，即滿足：

$$AA' = I$$ （公式 2.52）

於是，將原始資料的協方差代入主成分的協差陣公式得：

$$\text{Var}(F) = AXX'A' = ARA' = \Lambda$$
$$ARA' = \Lambda \qquad RA' = A'\Lambda$$ （公式 2.53）

展開上式得：

$$\begin{pmatrix} r_{11} & r_{12} & \cdots & r_{1p} \\ r_{21} & r_{22} & \cdots & r_{2p} \\ \vdots & \vdots & \vdots & \vdots \\ r_{p1} & r_{p2} & \cdots & r_{pp} \end{pmatrix} \cdot \begin{pmatrix} a_{11} & a_{21} & \cdots & a_{p1} \\ a_{12} & a_{22} & \cdots & a_{p2} \\ \vdots & \vdots & \vdots & \vdots \\ a_{1p} & a_{2p} & \cdots & a_{pp} \end{pmatrix}$$
$$= \begin{pmatrix} a_{11} & a_{21} & \cdots & a_{p1} \\ a_{12} & a_{22} & \cdots & a_{p2} \\ \vdots & \vdots & \vdots & \vdots \\ a_{1p} & a_{2p} & \cdots & a_{pp} \end{pmatrix} \begin{pmatrix} \lambda_1 & & & \\ & \lambda_2 & & \\ & & \ddots & \\ & & & \lambda_p \end{pmatrix}$$ （公式 2.54）

展開等式兩邊，根據矩陣相等的性質，這裡只根據第一列得出的方程式為：

$$\begin{cases} (r_{11} - \lambda_1)a_{11} + r_{12}a_{12} + \cdots + r_{1p}a_{1p} = 0 \\ r_{21}a_{11} + (r_{22} - \lambda_1)a_{12} + \cdots + r_{2p}a_{1p} = 0 \\ \qquad \cdots \\ r_{p1}a_{11} + r_{p2}a_{12} + \cdots + (r_{pp} - \lambda_1)a_{1p} = 0 \end{cases}$$ （公式 2.55）

為了得到該齊次方程式的解，要求其係數矩陣行列式為 0，即：

$$\begin{vmatrix} r_{11} - \lambda_1 & r_{12} & \cdots & r_{1p} \\ r_{21} & r_{22} - \lambda_1 & \cdots & r_{2p} \\ \vdots & \vdots & \vdots & \vdots \\ r_{1p} & r_{p2} & \cdots & r_{pp} - \lambda_1 \end{vmatrix} = 0 \qquad （公式 2.56）$$

$$|R - \lambda_1 I| = 0$$

顯然，λ_1 是相關係數矩陣的特徵值，$a_1 = (a_{11}, a_{12}, \cdots, a_{1p})$ 是對應的特徵向量。根據第二列、第三列等可以得到類似的方程式，於是 λ_i 是方程式 $|R - \lambda_i| = 0$ 的 p 個根，λ_i 為特徵方程式的特徵根，a_j 是其特徵向量的分量。

2.4.4 證明主成分的方差是依次遞減的

設相關係數矩陣 R 的 p 個特徵根為 $\lambda_1 \geqslant \lambda_2 \geqslant \cdots \geqslant \lambda_p$，對應的特徵向量為 a_j，則有以下公式：

$$A = \begin{pmatrix} a_{11} & a_{12} & \cdots & a_{1p} \\ a_{21} & a_{22} & \cdots & a_{2p} \\ \vdots & \vdots & \vdots & \vdots \\ a_{p1} & a_{p2} & \cdots & a_{pp} \end{pmatrix} = \begin{pmatrix} a_1 \\ a_2 \\ \vdots \\ a_p \end{pmatrix} \qquad （公式 2.57）$$

相對於 F_1 的方差為：

$$\mathrm{Var}(F_1) = a_1 XX' a_1' = a_1 R a_1' = \lambda_1 \qquad （公式 2.58）$$

同樣有 $\mathrm{Var}(F_i) = \lambda_i$，即主成分的方差依次遞減，並且協方差為：

$$\mathrm{Cov}(a_i'X', a_j X) = a_i' R a_j$$

$$= a_i' (\sum_{a=1}^{p} \lambda_a a_a a_a') a_j \qquad （公式 2.59）$$

$$= \sum_{a=1}^{p} \lambda_a (a_i' a_a)(a_a' a_j) = 0, \ \ i \neq j$$

綜上所述，根據證明有，主成分分析中的主成分協方差應該是對角矩陣，其對角線上的元素恰好是原始資料相關矩陣的特徵值，而主成分係數矩陣 A 的元素則是原始資料相關矩陣特徵值對應的特徵向量。矩陣 A 是一個正交矩陣。

於是，變數（$x_1, x_2, \cdots, x_p$）經過變換後得到新的綜合變數：

$$\begin{cases} F_1 = a_{11}x_1 + a_{12}x_2 + \cdots + a_{1p}x_p \\ F_2 = a_{21}x_1 + a_{22}x_2 + \cdots + a_{2p}x_p \\ \qquad\qquad \cdots \\ F_p = a_{p1}x_1 + a_{p2}x_2 + \cdots + a_{pp}x_p \end{cases} \qquad （公式 2.60）$$

新的隨機變數彼此不相關，且方差依次遞減。

2.4.5 主成分分析的計算

樣本觀測資料矩陣為：

$$X = \begin{pmatrix} x_{11} & x_{12} & \cdots & x_{1p} \\ x_{21} & x_{22} & \cdots & x_{2p} \\ \vdots & \vdots & \vdots & \vdots \\ x_{n1} & x_{n2} & \cdots & x_{np} \end{pmatrix} \qquad （公式 2.61）$$

1. 對原始資料進行標準化處理

$$x_{ij}^* = \frac{x_{ij} - \bar{x}_j}{\sqrt{\mathrm{Var}(x_j)}} \quad (i = 1, 2, \cdots, n; j = 1, 2, \cdots, p) \qquad （公式 2.62）$$

其中，$\bar{x}_j = \dfrac{1}{n}\sum_{i=1}^{n} x_{ij}, \mathrm{Var}(x_j) = \dfrac{1}{n-1}\sum_{i=1}^{n}(x_{ij} - \bar{x}_j)^2 \ \ (j = 1, 2, \cdots, p) \qquad （公式 2.63）$

2. 計算樣本的相關係數矩陣

$$R = \begin{bmatrix} r_{11} & r_{12} & \cdots & r_{1p} \\ r_{21} & r_{22} & \cdots & r_{2p} \\ \vdots & \vdots & \cdots & \vdots \\ r_{p1} & r_{p2} & \cdots & r_{pp} \end{bmatrix} \qquad （公式 2.64）$$

為方便起見，假設原始資料標準化後仍用 X 表示，則經標準化處理後的資料的相關係數為：

$$r_{ij} = \frac{1}{n-1}\sum_{t=1}^{n} x_{ti}x_{tj}\,(i, j = 1, 2, \cdots, p) \qquad （公式 2.65）$$

3. 求相關係數矩陣 R 的特徵值和對應的特徵向量

用雅可比方法求相關係數矩陣 R 的特徵值（$\lambda_1, \lambda_2, \cdots, \lambda_p$）和對應的特徵向量（$a_i = (a_{i1}, a_{i2}, \cdots, a_{ip}), i = 1, 2, \cdots, p$）。

4. 選擇重要的主成分，並寫出主成分運算式

主成分分析可以得到 p 個主成分，但是，由於各個主成分的方差是遞減的，包含的資訊量也是遞減的，因此實際分析時，一般不是選取 p 個主成分，而是根據各個主成分累計貢獻率的大小選取前 k 個主成分，這裡貢獻率就是指某個主成分的方差佔全部方差的比重，實際也就是某個特徵值佔全部特徵值合計的比重。即：

$$貢獻率 = \frac{\lambda_i}{\sum_{i=1}^{p}\lambda_i} \qquad （公式 2.66）$$

貢獻率越大，說明該主成分所包含的原始變數的資訊越強。主成分個數 k

的選取，主要根據主成分的累計貢獻率來決定，即一般要求累計貢獻率達到 85% 以上，這樣才能保證綜合變數能包括原始變數的絕大多數資訊。

另外，在實際應用中，選擇了重要的主成分後，還要注意主成分實際含義的解釋。主成分分析中一個很關鍵的問題是如何給主成分指定新的意義，舉出合理的解釋。一般而言，這個解釋是根據主成分運算式的係數結合定性分析來進行的。主成分是原來變數的線性組合，在這個線性組合中，變數的係數有大有小，有正有負，有的大小相當，因而不能簡單地認為這個主成分是某個原變數的屬性的作用，線性組合中各變數係數的絕對值大者表明該主成分主要綜合了絕對值大的變數。有幾個變數係數大小相當時，應認為這一主成分是這幾個變數的總和，這幾個變數綜合在一起應指定怎樣的實際意義，這要結合具體問題和專業領域舉出恰當的解釋，進而才能達到深刻分析的目的。

5. 計算主成分得分

根據標準化的原始資料，按照各個樣品分別代入主成分運算式，就可以得到各主成分下的各個樣品的新資料，即為主成分得分。具體形式如下：

$$\begin{pmatrix} F_{11} & F_{12} & \cdots & F_{1k} \\ F_{21} & F_{22} & \cdots & F_{2k} \\ \vdots & \vdots & \cdots & \vdots \\ F_{n1} & F_{n2} & \cdots & F_{nk} \end{pmatrix} \qquad （公式 2.67）$$

6. 依據主成分得分資料進一步進行統計分析

依據主成分得分的資料可以進一步進行統計分析。其中，常見的應用有主成份回歸、變數子集合的選擇、綜合評價等。

2.5 資料動態性及其分析模型

2.5.1 動態資料及其特點

動態資料是指觀察或記錄下來的一組按時間先後順序排列起來的資料序列。

1. 資料特徵

資料設定值隨時間變化，在每一時刻取什麼值，不可能完全準確地用歷史值預報，前後時刻（不一定是相鄰時刻）的數值或資料點有一定的相關性，整體存在某種趨勢或週期性。

（1）組成：包括①時間；②反映現象在一定時間條件下數量特徵的指標值。

（2）表示：可表示為 $x(t)$。其中時間 t 為引數，時間 t 可以是整數（離散的、等間距的），也可以是非整數（連續的，實際分析時必須進行採樣處理）。時間單位：秒、分、小時、日、周、月和年。

2. 動態資料分類

（1）絕對數時間序列：時間序列是按照時間排序的一組隨機變數，它通常是在相等間隔的時間段內依照給定的取樣速率對某種潛在過程進行觀測的結果。時間序列資料本質上反映的是某個或某些隨機變數隨時間不斷變化的趨勢，而時間序列預測方法的核心就是從資料中挖掘出這種規律，並利用其對將來的資料做出估計。其分為時期序列（時期數列）和時點序列（時點數列）。①時期序列：由時期總量指標排列而成的時間序列；②時點序列：由時點總量指標排列而成的時間序列。

（2） 相對數時間序列：指由一系列同種相對數指標按時間先後順序排列
而成的時間序列。

（3） 平均數時間序列：指由一系列同類平均指標按時間先後順序排列而
成的時間序列。

3. 時間序列分析法

時間序列分析法是根據客觀事物發展的連續規律性，運用過去的歷史資
料，透過統計分析，進一步推測未來的發展趨勢。它的前提是假設事物
的過去延續到未來。事物的過去會延續到未來這個假設前提包含兩層含
義：一是不會發生突然的跳躍變化，而是以相對小的步伐前進；二是過
去和當前的現象可能表明當前和將來活動的發展變化趨向。這就決定了
在一般情況下，時間序列分析法對於短、近期預測比較顯著，但如延伸
到更遠的將來，就會出現很大的局限性，導致預測值偏離實際較大而使
決策失誤。

時間序列分析常用的方法分為：

（1） 指標分析法：透過時間序列的分析指標來揭示現象的發展變化狀況
和發展變化程度。

（2） 組成因素分析法：透過對影響時間序列的組成因素進行分解分析，
揭示現象隨時間變化而演變的規律。

2.5.2 動態資料分析模型分類

動態資料分析模型分類如下：

（1） 時間序列模型：研究單變數或少數幾個變數的變化，可分為：①隨
機過程：包括週期分析和時間序列分析；②灰色系統：包括連結分
析和 GM 模型。

（2）動態系統模型：研究多變數的變化，一般指系統動力學建模。

1. 時間序列模型表示

時間序列（或稱動態數列）是指將同一統計指標的數值按其發生的時間先後順序排列而成的數列。時間序列分析的主要目的是根據已有的歷史資料對未來進行預測。經濟資料中大多數以時間序列的形式舉出。根據觀察時間的不同，時間序列中的時間可以是年份、季、月份或其他任何時間形式。時間序列模型指研究一個或多個被解釋變數隨時間變化規律的模型。此模型主要用於預測分析，其目的是精確預測未來變化。

（1）資料要求：序列平穩。
（2）研究角度：時間域、頻率域。
（3）模型內容：包括週期分析、時間序列預測。
（4）時間序列模型的表示：

$$x_t = f(x_{t-1}, x_{t-2}, \cdots) + \varepsilon_t \qquad （公式 2.68）$$

上面的公式中，ε_t 表示白色雜訊。

2. 動態系統模型

動態系統模型指研究具有時變特點的多個因素之間的相互作用，以及這些作用與系統整體發展之間的關係的模型。模型主要用於模擬和情景分析。其重點研究各種因素是如何相互作用影響系統整體發展的。

動態系統模型表示可以使用因果回饋邏輯圖與未來系統要素變化趨勢圖。

2.5.3 平穩時間序列建模

平穩時間序列粗略地講,即一個時間序列,如果平均值沒有系統地變化(無趨勢),方差沒有系統地變化,且嚴格消除了週期性變化,就稱之為平穩的。

平穩時間序列是時間序列分析中最重要的特殊類型。到目前為止,時間序列分析基本上是以平穩時間序列為基礎的。對於非平穩時間序列的統計分析,其方法和理論都很有局限性,因此本書不做講解。

1. 平穩時間序列模型

(1) 平穩隨機過程

如果一個隨機過程的平均值和方差在時間過程上是常數,並且在任何兩個時期之間的協方差值僅依賴於這兩個時期間的距離和落後,而不依賴於計算這個協方差的實際時間,那麼這個隨機過程稱為平穩的隨機過程。平穩可分為兩類:

- 嚴平穩:一種條件比較苛刻的平穩性定義。只有當序列所有的統計性質都不會隨著時間的演進而發生變化時,該序列才能被認為是平穩的。
- 寬平穩:寬平穩是使用序列的特徵統計量來定義的一種平穩性。它認為序列的統計性質主要由它的低階矩決定,所以只要保證序列低階矩平穩(二階),就能保證序列的主要性質近似穩定。

平穩序列的統計性質:

- 常數平均值。
- 自協方差函數和自相關函數只依賴於時間的平移長度,而與時間的起止點無關。

（2）自相關函數

$$\hat{\rho}_k = \frac{\sum_{t=1}^{n-k}(x_t - \bar{x})(x_{t+k} - \bar{x})}{\sum_{t=1}^{n}(x_t - \bar{x})^2}$$ （公式 2.69）

除了平穩時間序列模型外，其他的動態資料模型還有線性模型、非線性趨勢等，感興趣的讀者可查詢相關資料學習。

2. 平穩時間序列模型分類

任何時間序列都可以看作是一個平穩的過程。所看到的資料集可以看作是該平穩過程的實現，主要方法有自回歸（AR）、移動平均（MA）及自回歸移動平均（ARMA）等。

（1）自回歸模型
時間序列可以表示成它的先前值和一個衝擊值的函數：

$$x_t = \phi_1 x_{t-1} + \phi_{12} x_{t-2} + \cdots + \phi_p x_{t-p} + \varepsilon_t$$ （公式 2.70）

（2）移動平均模型
序列值是現在和過去的誤差或衝擊值的線性組合：

$$x_t = \varepsilon_t - \theta_1 \varepsilon_{t-1} - \theta_2 \varepsilon_{t-2} - \cdots - \theta_q \varepsilon_{t-q}$$ （公式 2.71）

（3）自回歸移動平均模型
序列值是現在和過去的誤差或衝擊值以及先前的序列值的線性組合：

$$x_t = \varphi_1 x_{t-1} + \varphi_2 x_{t-2} + \cdots + \varphi_p x_{t-p} + \varepsilon_t - \theta_1 \varepsilon_{t-1} - \theta_2 \varepsilon_{t-2} - \cdots - \theta_q \varepsilon_{t-q}$$ （公式 2.72）

3. 建模步驟

（1）分析資料的動態特徵。

（2） 進行資料序列分解。

（3） 資料前置處理。

（4） 模型建構和模型確認。

4. 建模方法

（1） 時間序列模型：包括統計學方法、隨機過程理論、灰色系統方法。

（2） 動態系統模型：指動態系統模擬方法。

2.6 資料視覺化

資料視覺化是關於資料視覺表現形式的技術。其中，這種資料的視覺表現形式被定義為：一種以某種概要形式抽提出來的資訊，包括對應資訊單位的各種屬性和變數。這是一個處於不斷演變之中的概念，其邊界在不斷地擴大。資料視覺化是技術上較為高級的方法，而這些技術方法允許利用圖形、影像處理、電腦視覺以及使用者介面，透過表達、建模以及對立體、表面、屬性以及動畫的顯示對資料加以視覺化解釋。與立體建模之類的特殊技術方法相比，資料視覺化所涵蓋的技術方法要廣泛得多。為了有效地傳達思想概念，美學形式與功能需要齊頭並進，透過直觀地傳達關鍵的方面與特徵，從而實現對於相當稀疏而又複雜的資料集的深入洞察。

資料視覺化與資訊圖形、資訊視覺化、科學視覺化以及統計圖形密切相關。當前，在研究、教學和開發領域，資料視覺化是一個極為活躍而又關鍵的方面。「資料視覺化」這個術語實現了成熟的科學視覺化領域與較年輕的資訊視覺化領域的統一。

1. 資料視覺化的概念

資料視覺化技術包含以下幾個基本概念：

（1） 資料空間：是由 n 維屬性和 m 個元素組成的資料集所組成的多維資訊空間。
（2） 資料開發：是指利用一定的演算法和工具對資料進行定量的推演和計算。
（3） 資料分析：是指對多維資料的切片、塊、旋轉等動作進行剖析，從而能從多角度、多側面觀察資料。
（4） 資料視覺化：是指將大型態資料集中的資料以圖形影像的形式表示，並利用資料分析和開發工具發現其中未知資訊的處理過程。

資料視覺化已經提出了許多方法，這些方法根據其視覺化原理的不同可以劃分為基於幾何的技術、像素導向的技術、基於圖示的技術、基於層次的技術、基於影像的技術和分散式技術等。資料視覺化的適用範圍存在著不同的劃分方法，一個常見的關注焦就是資訊的呈現。資料視覺化的兩個主要的組成部分為：統計圖和主題圖。

2. 資料的特徵

先要理解資料，再去掌握視覺化的方法，這樣才能實現高效的資料視覺化。在設計時，讀者可能會遇到以下常見的資料型態：

（1） 量性：資料是可以計量的，所有的值都是數字。
（2） 離散性：數字類資料可能在有限範圍內設定值。
（3） 持續性：資料可以測量，且在有限範圍內。
（4） 範圍性：資料可以根據編組和分類而分類。

視覺化的意義是幫助人更進一步地分析資料，也就是說它是一種高效的手段，並不是資料分析的必要條件。如果我們採用了視覺化方案，就表示機器並不能精確地分析。當然，也要明確視覺化不能直接帶來結果，它需要人來介入以分析結論。

3. 資料視覺化的方法及其工具

下面介紹代表性的圖形化資料的視覺化方法。

- 選擇圖表類型。
- 圖表的建立。
- 使用圖表。
- 散點圖的顯示。
- 橫條圖的繪製。
- 繪製長條圖。
- 收集圖顯示。
- 多重散點圖。
- 網路圖顯示。
- 評估節點圖。
- 時間散點圖的顯示。

下面介紹程式語言類的資料視覺化工具。

- R：R 經常被稱為「統計人員為統計人員開發的一種語言」。如果需要深奧的統計模型用於計算，可以在 CRAN 上找到它，CRAN 叫綜合 R 檔案網路（Comprehensive R Archive Network）並非無緣無故。說到用於分析和標繪，沒有什麼比得過 ggplot2。而如果想利用比機器提供的功能還強大的功能，可以使用 Spark R 綁定，在 R 上執行 Spark。

- Scala：Scala 是最輕鬆的語言，因為使用者都欣賞其類型系統。Scala 在 JVM 上執行，基本上成功地結合了函數範式和物件導向範式，目前它在金融界和需要處理巨量資料的企業中獲得了巨大進展，常常採用一種大規模分散式方式來處理（比如 Twitter 和 LinkedIn）。它還是驅動 Spark 和 Kafka 的一種語言。

- Python：Python 在學術界一直很流行，尤其是在自然語言處理（NLP）等領域。因此，如果有一個需要 NLP 處理的專案，就會面臨數量多得讓人眼花撩亂的選擇，包括經典的 NTLK、使用 GenSim 的主題建模，或超快、準確的 spaCy。同樣，如果要處理神經網路問題，Python 同樣遊刃有餘，有 Theano 和 TensorFlow，還有機器學習導向的 scikit-learn，以及資料分析導向的 NumPy 和 Pandas。

- Java：Java 很適合巨量資料專案。Hadoop MapReduce 用 Java 撰寫，HDFS 也用 Java 撰寫，連 Storm、Kafka 和 Spark 都可以在 JVM 上執行（使用 Clojure 和 Scala），這表示 Java 是這些專案中的「一等公民」。另外，還有像 Google Cloud Dataflow（現在是 Apache Beam）這些新技術，直到最近它們還只支援 Java。

在巨量資料時代，視覺化圖表工具不可能「單獨作戰」，而我們都知道巨量資料的價值在於資料探勘，一般資料視覺化都是和資料分析功能相組合的，資料分析又需要資料連線整合、資料處理、ETL 等資料功能，發展成為整合式的巨量資料分析平台。

2.7 本章小結

資料和特徵決定了機器學習的上限,而模型和演算法只是逼近這個上限而已。機器學習資料分析的目的其實就是直觀地展現資料,例如讓花費數小時甚至更久才能歸納的資料量轉化成一眼就能讀懂的指標,透過加減乘除、各類公式權衡計算得到的兩組資料差異,在圖中顏色敏感、線條長短、圖形大小即能形成對比。

本章資料的分佈性、資料的相關性、資料的聚類性、資料成分、動態及資料視覺化等方面介紹了機器學習的資料特徵。

2.8 複習題

(1) 統計資料的分佈特徵可以從哪幾個方面進行描述?

(2) 什麼是眾數、中位數、算術平均數?

(3) 資料分佈的離散程度的作用是什麼?

(4) 資料分佈的偏態與峰度的作用是什麼?

(5) 什麼是資料的相關性?

(6) 相關關係的種類有哪些?

(7) 什麼是相關圖?

(8) 什麼是動態資料?

(9) 什麼是資料空間?

用 scikit-learn 估計器分類

$\mathbf{S}$cikit-learn 是基於 Python 語言的機器學習工具，簡稱 sklearn。它是 SciPy 的擴充，建立在 NumPy 和 Matplolib 函數庫的基礎上。sklearn 包括分類、回歸、降維和聚類 4 大機器學習演算法，還包括特徵提取、資料處理和模型評估 3 大模組。它具有以下特點：

- 簡單有效的預測資料分析工具。
- 讓每個人可以在各種環境中重用。
- 建構在 NumPy、SciPy 和 Matplotlib 函數庫之上。
- 開放原始碼存取，商用 BSD 許可證。

3.1 scikit-learn 基礎

scikit-learn 可簡稱為 sklearn，是一個 Python 函數庫，是專門用於機器學習的模組。它的官方網站是 http://scikit-learn.org/stable/#，安裝檔案、説明文件等資源都可以在官方網站找到。

sklearn 安裝要求 Python（版本在 2.7 以上或 3.3 以上）、NumPy（版本在 1.8.2 以上）、SciPy（版本在 0.13.3 以上）。如果已經安裝了 NumPy 和 SciPy，安裝 sklearn 可以使用 pip install -U scikit-learn 命令。

3.1.1 sklearn 包含的機器學習方式

sklearn 包含的機器學習方式有分類、回歸、無監督、資料降維、模型選擇和資料前置處理等，都是常見的機器學習方法。架設開發環境時，建議讀者使用 Anaconda 整合開發工具，可以方便地安裝各種函數庫。

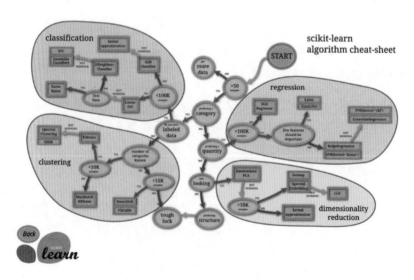

▲ 圖 3.1 sklearn 舉出如何選擇正確的方法

如圖 3.1 所示，sklearn 舉出了一個備忘圖，揭示如何選擇正確的方法，以及如何選擇正確的評估器。這個圖來自官網（http://scikit-learn.org/stable/tutorial/machine_learning_map/index.html），圖中對於什麼樣的問題採用什麼樣的方法舉出了清晰的描述，包括資料量不同的區分。

3.1.2　sklearn 的強大資料庫

sklearn 資料庫（http://scikit-learn.org/stable/modules/classes.html#module-sklearn.datasets）中包含很多資料，可以直接拿來使用，如圖 3.2 所示。

sklearn.datasets : Datasets

The sklearn.datasets module includes utilities to load datasets, including methods to load and fetch popular reference datasets. It also features some artificial data generators.

User guide: See the Dataset loading utilities section for further details.

Loaders

datasets.clear_data_home ([data_home])	Delete all the content of the data home cache.
datasets.dump_svmlight_file (X, y, f[, ...])	Dump the dataset in svmlight / libsvm file format.
datasets.fetch_20newsgroups ([data_home, ...])	Load the filenames and data from the 20 newsgroups dataset (classification).
datasets.fetch_20newsgroups_vectorized ([...])	Load the 20 newsgroups dataset and vectorize it into token counts (classification).
datasets.fetch_california_housing ([...])	Load the California housing dataset (regression).
datasets.fetch_covtype ([data_home, ...])	Load the covertype dataset (classification).
datasets.fetch_kddcup99 ([subset, data_home, ...])	Load the kddcup99 dataset (classification).
datasets.fetch_lfw_pairs ([subset, ...])	Load the Labeled Faces in the Wild (LFW) pairs dataset (classification).
datasets.fetch_lfw_people ([data_home, ...])	Load the Labeled Faces in the Wild (LFW) people dataset (classification).
datasets.fetch_olivetti_faces ([data_home, ...])	Load the Olivetti faces data-set from AT&T (classification).
datasets.fetch_openml ([name, version, ...])	Fetch dataset from openml by name or dataset id.
datasets.fetch_rcv1 ([data_home, subset, ...])	Load the RCV1 multilabel dataset (classification).
datasets.fetch_species_distributions ([...])	Loader for species distribution dataset from Phillips et.
datasets.get_data_home ([data_home])	Return the path of the scikit-learn data dir.
datasets.load_boston ([return_X_y])	Load and return the boston house-prices dataset (regression).
datasets.load_breast_cancer ([return_X_y])	Load and return the breast cancer wisconsin dataset (classification).
datasets.load_diabetes ([return_X_y])	Load and return the diabetes dataset (regression).
datasets.load_digits ([n_class, return_X_y])	Load and return the digits dataset (classification).
datasets.load_files (container_path[, ...])	Load text files with categories as subfolder names.
datasets.load_iris ([return_X_y])	Load and return the iris dataset (classification).
datasets.load_linnerud ([return_X_y])	Load and return the linnerud dataset (multivariate regression).
datasets.load_sample_image (image_name)	Load the numpy array of a single sample image
datasets.load_sample_images ()	Load sample images for image manipulation.
datasets.load_svmlight_file (f[, n_features, ...])	Load datasets in the svmlight / libsvm format into sparse CSR matrix
datasets.load_svmlight_files (files[, ...])	Load dataset from multiple files in SVMlight format
datasets.load_wine ([return_X_y])	Load and return the wine dataset (classification).
datasets.mldata_filename (dataname)	DEPRECATED: mldata_filename was deprecated in version 0.20 and will be removed in version 0.22

▲ 圖 3.2　sklearn.datasets:Datasets

3.1.3 sklearn datasets 構造資料

1. sklearn 學習模式

sklearn 中包含許多的機器學習方法，這裡介紹 sklearn 的通用學習模式。首先引入需要訓練的資料，sklearn 附帶部分訓練資料集（sklearn datasets），也可以透過對應方法進行構造。然後選擇對應的機器學習方法進行訓練，訓練過程中可以透過一些技巧調整參數，使得學習準確率更高。模型訓練完成之後便可以預測新資料，還可以透過 matplotlib 等方法來直觀地展示資料。另外，還可以將已訓練好的模型（Model）進行保存，方便移動到其他平台，不必重新訓練。

2. sklearn datasets

sklearn 提供了一些標準資料，不必再從其他網站尋找資料進行訓練。舉例來說，用來訓練的 load_iris 資料可以用 datasets.load_iris() 引入，很方便地返回資料特徵變數和目標值。除了引入資料之外，還可以透過 load_sample_images() 來引入圖片。除了 sklearn 提供的一些資料之外，還可以自己構造一些資料來輔助學習。

【例 3.1】sklearn 構造資料。

```
# -*- coding: utf-8 -*-
from sklearn import datasets#引入資料集
#構造的各種參數可以根據自己的需要調整
X,y=datasets.make_regression(n_samples=100,n_features=1,n_targets=1,
noise=1)
###繪製構造的資料###
import matplotlib.pyplot as plt
plt.figure()
```

```
plt.scatter(X,y)
plt.show()
```

結果輸出如圖 3.3 所示。

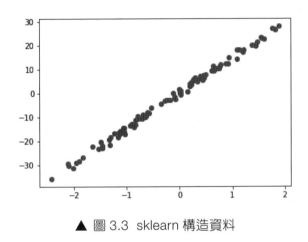

▲ 圖 3.3 sklearn 構造資料

3.2 scikit-learn 估計器

在 sklearn 中，估計器（Estimator）是一個重要的角色，分類器和回歸器都屬於估計器，是一類實現了演算法的 API。在估計器中有兩個重要的方法：fit 和 transform。

- fit：用於從訓練集中學習模型參數。
- transform：用學習到的參數轉換資料。

3.2.1 sklearn 估計器的類別

1. 用於分類的估計器

- sklearn.neighbors：近鄰演算法。
- sklearn.naive_bayes：貝氏。
- sklearn.linear_model.LogisticRegression：邏輯回歸。

2. 用於回歸的估計器

- sklearn.linear_model.LinearRegression：線性回歸。
- sklearn.linear_model.Ridge：嶺回歸。

3. 用 scikit-learn 估計值分類

- 估計器（Estimator）：用於分類、聚類和回歸分析。
- 轉換器（Transformer）：用於資料的前置處理和資料的轉換。
- 管線（Pipeline）：組合資料探勘流程，便於再次使用。

3.2.2 sklearn 分類器的比較

sklearn 常用分類器包括：SVM、KNN、貝氏、線性回歸、邏輯回歸、決策樹、隨機森林、XGBoost、GBDT、Boosting、神經網路（NN）。

```
### KNN Classifier
from sklearn.neighbors import KNeighborsClassifier
clf = KNeighborsClassifier()
clf.fit(train_x, train_y)
```

```
### Logistic Regression Classifier
from sklearn.linear_model import LogisticRegression
```

```
clf = LogisticRegression(penalty='l2')
clf.fit(train_x, train_y)
```

```
### Random Forest Classifier
from sklearn.ensemble import RandomForestClassifier
clf = RandomForestClassifier(n_estimators=8)
clf.fit(train_x, train_y)
```

```
### Decision Tree Classifier
from sklearn import tree
clf = tree.DecisionTreeClassifier()
clf.fit(train_x, train_y)
```

```
### GBDT(Gradient Boosting Decision Tree) Classifier
from sklearn.ensemble import GradientBoostingClassifier
clf = GradientBoostingClassifier(n_estimators=200)
clf.fit(train_x, train_y)
```

```
###AdaBoost Classifier
from sklearn.ensemble import  AdaBoostClassifier
clf = AdaBoostClassifier()
clf.fit(train_x, train_y)
```

```
### GaussianNB
from sklearn.naive_bayes import GaussianNB
clf = GaussianNB()
clf.fit(train_x, train_y)
```

```
### Linear Discriminant Analysis
from sklearn.discriminant_analysis import LinearDiscriminantAnalysis
clf = LinearDiscriminantAnalysis()
clf.fit(train_x, train_y)
```

```
### Quadratic Discriminant Analysis
from sklearn.discriminant_analysis import QuadraticDiscriminantAnalysis
clf = QuadraticDiscriminantAnalysis()
clf.fit(train_x, train_y)
```

```
### SVM Classifier
from sklearn.svm import SVC
clf = SVC(kernel='rbf', probability=True)
clf.fit(train_x, train_y)
```

```
### Multinomial Naive Bayes Classifier
from sklearn.naive_bayes import MultinomialNB
clf = MultinomialNB(alpha=0.01)
clf.fit(train_x, train_y)
```

【例 3.2】比較幾種常見分類器的效果。

```
# -*- coding: utf-8 -*-
print(__doc__)
"""
Created on Wed Jul  7 10:25:49 2021
@author: liguo
"""
import numpy as np
import matplotlib.pyplot as plt
from matplotlib.colors import ListedColormap
from sklearn.model_selection import train_test_split
from sklearn.preprocessing import StandardScaler
from sklearn.datasets import make_moons, make_circles, make_classification
from sklearn.neural_network import MLPClassifier
from sklearn.neighbors import KNeighborsClassifier
from sklearn.svm import SVC
from sklearn.gaussian_process import GaussianProcessClassifier
```

```python
from sklearn.gaussian_process.kernels import RBF
from sklearn.tree import DecisionTreeClassifier
from sklearn.ensemble import RandomForestClassifier, AdaBoostClassifier
from sklearn.naive_bayes import GaussianNB
from sklearn.discriminant_analysis import QuadraticDiscriminantAnalysis
h = .02  # step size in the mesh
names = ["Nearest Neighbors", "Linear SVM", "RBF SVM", "Gaussian Process",
        "Decision Tree", "Random Forest", "Neural Net", "AdaBoost",
        "Naive Bayes", "QDA"]
classifiers = [
    KNeighborsClassifier(3),
    SVC(kernel="linear", C=0.025),
    SVC(gamma=2, C=1),
    GaussianProcessClassifier(1.0 * RBF(1.0)),
    DecisionTreeClassifier(max_depth=5),
    RandomForestClassifier(max_depth=5, n_estimators=10, max_features=1),
    MLPClassifier(alpha=1, max_iter=1000),
    AdaBoostClassifier(),
    GaussianNB(),
    QuadraticDiscriminantAnalysis()]
X, y = make_classification(n_features=2, n_redundant=0, n_informative=2,
                        random_state=1, n_clusters_per_class=1)
rng = np.random.RandomState(2)
X += 2 * rng.uniform(size=X.shape)
linearly_separable = (X, y)
datasets = [make_moons(noise=0.3, random_state=0),
            make_circles(noise=0.2, factor=0.5, random_state=1),
            linearly_separable
            ]
figure = plt.figure(figsize=(27, 9))
i = 1
# iterate over datasets
```

```python
for ds_cnt, ds in enumerate(datasets):
    # preprocess dataset, split into training and test part
    X, y = ds
    X = StandardScaler().fit_transform(X)
    X_train, X_test, y_train, y_test = \
        train_test_split(X, y, test_size=.4, random_state=42)
    x_min, x_max = X[:, 0].min() - .5, X[:, 0].max() + .5
    y_min, y_max = X[:, 1].min() - .5, X[:, 1].max() + .5
    xx, yy = np.meshgrid(np.arange(x_min, x_max, h),
                         np.arange(y_min, y_max, h))
    # just plot the dataset first
    cm = plt.cm.RdBu
    cm_bright = ListedColormap(['#FF0000', '#0000FF'])
    ax = plt.subplot(len(datasets), len(classifiers) + 1, i)
    if ds_cnt == 0:
        ax.set_title("Input data")
    # Plot the training points
    ax.scatter(X_train[:, 0], X_train[:, 1], c=y_train, cmap=cm_bright,
               edgecolors='k')
    # Plot the testing points
    ax.scatter(X_test[:, 0], X_test[:, 1], c=y_test, cmap=cm_bright, alpha=0.6,
               edgecolors='k')
    ax.set_xlim(xx.min(), xx.max())
    ax.set_ylim(yy.min(), yy.max())
    ax.set_xticks(())
    ax.set_yticks(())
    i += 1
    # iterate over classifiers
    for name, clf in zip(names, classifiers):
        ax = plt.subplot(len(datasets), len(classifiers) + 1, i)
        clf.fit(X_train, y_train)
```

```
        score = clf.score(X_test, y_test)
        # Plot the decision boundary. For that, we will assign a color to
each
        # point in the mesh [x_min, x_max]x[y_min, y_max].
        if hasattr(clf, "decision_function"):
            Z = clf.decision_function(np.c_[xx.ravel(), yy.ravel()])
        else:
            Z = clf.predict_proba(np.c_[xx.ravel(), yy.ravel()])[:, 1]
        # Put the result into a color plot
        Z = Z.reshape(xx.shape)
        ax.contourf(xx, yy, Z, cmap=cm, alpha=.8)
        # Plot the training points
        ax.scatter(X_train[:, 0], X_train[:, 1], c=y_train, cmap=cm_bright,
                    edgecolors='k')
        # Plot the testing points
        ax.scatter(X_test[:, 0], X_test[:, 1], c=y_test, cmap=cm_bright,
                    edgecolors='k', alpha=0.6)
        ax.set_xlim(xx.min(), xx.max())
        ax.set_ylim(yy.min(), yy.max())
        ax.set_xticks(())
        ax.set_yticks(())
        if ds_cnt == 0:
            ax.set_title(name)
        ax.text(xx.max() - .3, yy.min() + .3, ('%.2f' % score).lstrip('0'),
                size=15, horizontalalignment='right')
        i += 1
plt.tight_layout()
plt.show()
```

程式執行結果如圖 3.4 所示。

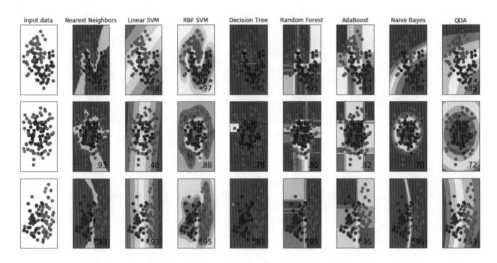

▲ 圖 3.4 幾種分類器的效果

這個結果重點說明了不同分類器的決策邊界的性質。但是,這麼說有點言之鑿鑿,因為這些例子所傳達的資訊並不一定會傳遞到真實的資料集。特別是在高維空間,資料更容易被線性分離和簡單地分類,如單純貝氏和線性支援向量機可能導致更好的泛化,比其他分類器更容易實現。這些圖以純色顯示訓練點,半透明顯示測試點。圖的右下角顯示測試集的分類精度。

3.3 本章小結

分類是一種重要的資料分析形式,它提取刻畫重要資料類的模型,這種模型稱為分類器,用來預測分類的(離散的和無序的)類標誌。本章介紹了 sklearn 包含的機器學方式、sklearn 的資料庫、sklearn 的構造資料集，重點介紹了 sklearn 估計器分類的演算法對比，並用程式比較了幾種常見分類器的效果。

3.4 複習題

（1）sklearn 是基於 Python 語言的機器學習工具，它建立在什麼基礎函數庫之上？

（2）sklearn 大體包含哪些機器學習方式？

（3）比較 sklearn 的分類器。

3.4 複習題

單純貝氏分類

貝氏分類演算法是以貝氏原理為基礎,使用機率統計的知識對樣本資料集進行分類。由於其有著堅實的數學基礎,貝氏分類演算法的誤判率很低。貝氏分類演算法的特點是結合先驗機率和後驗機率,既避免了只使用先驗機率的主觀偏見,也避免了單獨使用樣本資訊的過擬合現象。貝氏分類演算法在資料集較大的情況下表現出較高的準確率,同時演算法本身也比較簡單。

單純貝氏演算法是基於貝氏定理與特徵條件獨立假設的分類方法,是經典的機器學習演算法之一。最為廣泛的兩種分類模型是決策樹模型(Decision Tree Model)和單純貝氏模型(Naive Bayesian Model,NBM)。和決策樹模型相比,單純貝氏分類器(Naive Bayes Classifier,NBC)發源於古典數學理論,有著堅實的數學基礎和穩定的分類效率。同時,單純貝氏模型所需估計的參數很少,對缺失資料不太敏感,演算法也比較簡單。理論上,單純貝氏模型與其他分類方法相比具有最小的誤差率。

4.1 演算法原理

單純貝氏演算法是非常簡單快速的分類演算法,通常適用於維度非常高的資料集。因為執行速度快,而且可調參數少,因此非常適合為分類問題提供快速粗糙的基本方案。下面介紹單純貝氏分類器的工作原理,並透過一些範例演示單純貝氏分類器在經典資料集上的應用。

4.1.1 單純貝氏演算法原理

1. 機率基礎

條件機率是指事件 A 在另一個事件 B 已經發生的條件下發生的機率。 條件機率表示為:$P(A|B)$,讀作「在 B 條件下 A 的機率」。若只有兩個事件 A 和 B,那麼:

$$P(A \cap B) = P(A|B)P(B) = P(B|A)P(A) \qquad (公式\ 4.1)$$

$$P(A \mid B) = \frac{P(A \cap B)}{P(B)} \qquad (公式\ 4.2)$$

$$P(A \mid B) = \frac{P(B \mid A) * P(A)}{P(B)} \qquad (公式\ 4.3)$$

全機率公式:表示若事件 $A_1, A_2, \cdots, A_n$ 組成一個完備事件組且都有正機率,則對任意一個事件 B 都有公式成立。

$$P(B) = P(A_1 B) + P(A_2 B) + \cdots + P(A_k B) = \Sigma P(A_i B) = \Sigma P(B \mid A_i) * P(A_i) \quad (公式\ 4.4)$$

先驗機率:在事件發生之前發生的機率,是根據以往經驗和分析得到的機率。

後驗機率：事件已經發生了，發生可能有很多原因，判斷發生時由哪個原因引起的機率。

2. 貝氏

將全機率公式代入條件機率公式中，對於事件 A_k 和事件 B 有：

$$P(A_k \mid B) = \frac{P(B \mid A_k) * P(A_k)}{\sum P(B \mid A_i) * P(A_i)} \qquad （公式 4.5）$$

對 $P(A_k|B)$ 來說，分母 $\sum P(B|A_i)*P(A_i)$ 為一個固定值，因為只需要比較 $P(A_k|B)$ 的大小，所以可以將分母固定值去掉，並不會影響結果。因此，可以得到下面的公式：

$$P(A_k|B) = P(A_k) * P(B|A_k) \qquad （公式 4.6）$$

$P(A_k|B)$ 是後驗機率，$P(B|A_k)$ 是似然函數，後驗機率 = 先驗機率 * 似然函數。

3. 單純貝氏

特徵條件獨立假設在分類問題中，常常需要把一個事物分到某個類別中，一個事物又有許多屬性，即 $x=(x_1,x_2,\cdots,x_n)$，常常類別也是多個，即 $y=(y_1,y_2,\cdots,y_k)$。$P(y_1|x),P(y_2|x),\cdots,P(y_k|x)$ 表示 x 屬於某個分類的機率，那麼需要找出其中最大的機率 $P(y_k|x)$，根據上一步的公式可得：

$$P(y_k|x) = P(y_k) * P(x|y_k) \qquad （公式 4.7）$$

樣本 x 有 n 個屬性：$x=(x_1,x_2,\cdots,x_n)$，所以 $P(y_k|X)=P(y_k)*P(x_1,x_2,\cdots,x_n|y_k)$，條件獨立假設，就是各條件之間互不影響。

所以樣本的聯合機率就是連乘：$P(x_1,x_2,\cdots,x_n \mid y_k)=\prod P(x_i \mid y_k)$，最終公式為：

$$P(y_k|x)=P(y_k)*\prod P(x_i|y_k) \qquad （公式 4.8）$$

根據公式 4.8 就可以解決分類問題。

4.1.2 單純貝氏分類法

單純貝氏的基本方法是：在統計資料的基礎上，依據條件機率公式計算當前特徵的樣本屬於某個分類的機率，選擇最大的機率分類。對於舉出的待分類項，求解在此項出現的條件下各個類別出現的機率，哪個最大，就認為此待分類項屬於哪個類別。

1. 計算流程

（1）$x=\{a_1,a_2,\cdots,a_m\}$ 為待分類項，每個 a 為 x 的特徵屬性。

（2）有類別集合 $C=\{y_1,y_2,\cdots,y_n\}$。

（3）計算 $P(y_1|x),P(y_2|x),\cdots,P(y_n|x)$。

（4）如果 $P(y_k|x)=max\{P(y_1|x),P(y_2|x),\cdots,P(y_n|x)\}$，則 $x \in y_k$。

（5）找到一個已知分類的待分類項集合，這個集合叫作訓練樣本集。

（6）統計得到在各類別下的各個特徵屬性的條件機率估計，即 $P(a_1|y_1)$，$P(a_2|y_2),\cdots,P(a_m|y_1);P(a_1|y_2),P(a_2|y_2),\cdots,P(a_m|y_2);P(a_1|y_n),P(a_2|y_n),\cdots,$ $P(a_m|y_n)$。

（7）如果各個特徵屬性是條件獨立的，則根據貝氏定理有以下推導：

$$P(y_j \mid x) = \frac{P(x \mid y_i)P(y_i)}{P(x)} \qquad （公式 4.9）$$

因為分母對於所有類別為常數，所以只要將分子最大化即可。又因為各特徵屬性是條件獨立的，所以有：

$$P(y_k|x)=P(y_k)* \prod P(x_i|y_k) \qquad （公式 4.10）$$

$$P(x|y_i)P(y_i)=P(a_i|y_i)P(a_2|y_i)\cdots P(a_m|y_i)P(y_i)=P(y_i)\prod_{j=1}^{m}P(a_j\,|\,y_i) \qquad （公式 4.11）$$

2. 三個階段

（1）準備階段。根據具體情況確定特徵屬性，對每個特徵屬性進行適當的劃分，然後由人工對一部分待分類項進行分類，形成訓練樣本集合。這一階段的輸入是所有待分類資料，輸出是特徵屬性和訓練樣本。這一階段是整個單純貝氏分類中唯一需要人工完成的階段，分類器的品質很大程度上由特徵屬性、特徵屬性劃分及訓練樣本品質決定。

（2）分類器訓練階段。這個階段的任務就是生成分類器，主要工作是計算每個類別在訓練樣本中出現的頻率，以及每個特徵屬性劃分對每個類別的條件機率估計，並將結果記錄下來。這一階段的輸入是特徵屬性和訓練樣本，輸出是分類器。

（3）應用階段。這個階段的任務是使用分類器對待分類項進行分類。這一階段的輸入是分類器和待分類項，輸出是待分類項與類別的映射關係。

3. 單純貝氏的優缺點

（1）優點

■ 對小規模的資料表現很好，適合多分類任務，適合增量式訓練，尤其是資料量超出記憶體時，可以一批批地進行增量式訓練。

■ 對缺失資料不太敏感，演算法也比較簡單，常用於文字分類。

- 發源於古典數學理論，有著堅實的數學基礎和穩定的分類效率，當資料呈現不同的特點時，分類性能不會有太大的差異，穩固性好。
- 當資料集屬性之間的關係相對比較獨立時，單純貝氏分類演算法會有較好的效果。

（2）缺點
- 對輸入資料的表達形式很敏感（離散、連續，以及值極大、極小之類的）。
- 需要知道先驗機率，且先驗機率很多時候取決於假設，假設的模型可以有很多種，因此在某些時候會由於假設的先驗模型的原因導致預測效果不佳。
- 由於是透過先驗和資料來決定後驗的機率從而決定分類，因此分類決策存在一定的錯誤率。
- 理論上，單純貝氏模型與其他分類方法相比具有最小的誤差率。但是實際上並非總是如此，這是因為單純貝氏模型給定輸出類別的情況下，假設屬性之間相互獨立，這個假設在實際應用中往往是不成立的，在屬性個數比較多或屬性之間相關性較大時，分類效果不好。而在屬性相關性較小時，單純貝氏性能最為良好。對於這一點，有半單純貝氏之類的演算法透過考慮部分連結性進行適度改進。

4.1.3 拉普拉斯校準

為了解決零機率的問題，法國數學家拉普拉斯（Laplace）最早提出用加1的方法估計沒有出現過的現象的機率，所以加法平滑也叫作拉普拉斯校準。假設訓練樣本很大，每個分量 x 的計數加 1 造成的估計機率變化可以忽略不計，就可以方便有效地避免零機率問題。

$P(y_k|\mathrm{x})=P(y_k)*\prod P(\mathrm{x}_i|y_k)$ 是一個多項乘法公式，其中有一項數值為 0，則整個公式就為 0。這顯然不合理，避免每一項為零的做法就是在分子、分母上各加一個數值。

$$P(y) = \frac{|D_y|+1}{D+N}$$ （公式 4.12）

$|D_y|$ 表示分類 y 的樣本數，$|D|$ 是樣本總數，N 是樣本總數加上分類總數。

$$P(x_i \mid D_y) = \frac{|D_y x_i|+1}{|D_y|+N_i}$$ （公式 4.13）

$|D_y, x_i|$ 表示分類 y 屬性 i 的樣本數，$|D_y|$ 表示分類 y 的樣本數，N_i 表示 i 屬性可能的設定值數。

【例 4.1】假設在文字分類中有 3 個類 C_1、C_2、C_3，在指定的訓練樣本中有一個詞語 K_1，在各個類中觀測計數分別為 0、990、10，K_1 的機率為 0、0.99、0.01，對這三個量使用拉普拉斯校準的計算方法為：1/1003=0.001，991/1003=0.988，11/1003=0.011。在實際的使用中也經常使用加 $\lambda(1 \geqslant \lambda \geqslant 0)$ 來代替簡單加 1。如果對 N 個計數都加上 λ，這時分母也要記得加上 $N*\lambda$。

4.2 單純貝氏分類

單純貝氏分類常用於文字分類，尤其是對英文等語言來說，分類效果很好。它常用於垃圾文字過濾、情感預測、推薦系統等。

在 sklearn 中提供了若干種單純貝氏的實現演算法，不同的單純貝氏演算法主要是對 $P(x_i|y)$ 的分佈假設不同，進而採用不同的參數估計方式。單純貝氏演算法主要是計算 $P(x_i|y)$，一旦 $P(x_i|y)$ 確定，最終自然就確定了屬於每個類別的機率。

常用的三種單純貝氏如下：

- 高斯單純貝氏。
- 伯努利單純貝氏。
- 多項式單純貝氏。

4.2.1 高斯單純貝氏

1. 高斯分佈

如果 x 是連續變數，要估計似然度 $P(x_i|y)$，可以假設在 y_i 下，x 服從高斯分佈（正態分佈）。根據正態分佈的機率密度函數即可計算出 $P(x_i|y)$，公式如下：

$$P(x) = \frac{1}{\sigma\sqrt{2\pi}} e^{\frac{(x-\mu)^2}{2\sigma^2}}$$ （公式 4.14）

2. 高斯單純貝氏

適用於連續變數，其假設各個特徵 x_i 在各個類別 y 下服從正態分佈，演算法內部使用正態分佈的機率密度函數來計算機率，公式如下：

$$P(x_i \mid y) = \frac{1}{\sqrt{2\pi\sigma_y^2}} \exp(-\frac{(x_i - \mu_y)^2}{2\sigma_y^2})$$ （公式 4.15）

- μ_y：在類別為 y 的樣本中，特徵 x_i 的平均值。
- σ_y：在類別為 y 的樣本中，特徵 x_i 的標準差。

【例 4.2】高斯單純貝氏實驗例題。

```python
import numpy as np
import pandas as pd
from sklearn.naive_bayes import GaussianNB
np.random.seed(0)
x = np.random.randint(0,10,size=(6,2))
y = np.array([0,0,0,1,1,1])
data = pd.DataFrame(np.concatenate([x, y.reshape(-1,1)], axis=1),
columns=['x1','x2','y'])
display(data)
gnb = GaussianNB()
gnb.fit(x,y)
#每個類別的先驗機率
print('機率:', gnb.class_prior_)
#每個類別樣本的數量
print('樣本數量:', gnb.class_count_)
#每個類別的標籤
print('標籤:', gnb.classes_)
#每個特徵在每個類別下的平均值
print('平均值:',gnb.theta_)
#每個特徵在每個類別下的方差
print('方差:',gnb.sigma_)

#測試集
x_test = np.array([[6,3]])
print('預測結果:', gnb.predict(x_test))
print('預測結果機率:', gnb.predict_proba(x_test))
```

輸出結果如下：

```
    x₁  x₂  y
0   5   0   0
1   3   3   0
2   7   9   0
3   3   5   1
4   2   4   1
5   7   6   1
```

機率：[0.5 0.5]

樣本數量：[3. 3.]

標籤：[0 1]

平均值：[[5. 4.]

[4. 5.]]

方差：[[2.66666667 14.00000001]

[4.66666667 0.66666667]]

預測結果：[0]

預測結果機率：[[0.87684687 0.12315313]]

4.2.2 伯努利單純貝氏

伯努利單純貝氏假設特徵的先驗機率為二元伯努利分佈，設試驗 E 只有兩個可能的結果：A 與 Aˉ，則稱為 E 為伯努利試驗。伯努利單純貝氏適用於離散變數，其假設各個特徵 x_i 在各個類別 y 下是服從 n 重伯努利分佈（二項分佈）的，因為伯努利試驗僅有兩個結果，因此演算法會先對特徵值進行二值化處理（假設二值化的結果為 1 與 0），即：

$$p(x_i \mid y) = P(x_i = 1 \mid y)x_i + (1 - P(x_i = 1 \mid y))(1 - x_i) \quad （公式 4.16）$$

在訓練集中，會進行以下估計：

$$P(x_i = 1 \mid y) = \frac{N_{yi} + a}{N_y + 2 * a} \quad （公式 4.17）$$

$$P(x_i = 0 \mid y) = 1 - P(x_i = 1 \mid y) \qquad （公式 4.18）$$

N_{yi}：第 i 個特徵中，屬於類別 y，數值為 1 的樣本個數。

N_y：屬於類別 y 的所有樣本個數。

α：平滑係數。

【例 4.3】伯努利單純貝氏實驗例題。

```python
# -*- coding: utf-8 -*-
import numpy as np
import pandas as pd
from sklearn.naive_bayes import BernoulliNB
np.random.seed(0)
x = np.random.randint(-5,5,size=(6,2))
y = np.array([0,0,0,1,1,1])
data = pd.DataFrame(np.concatenate([x,y.reshape(-1,1)], axis=1),
columns=['x1','x2','y'])
display(data)
bnb = BernoulliNB()
bnb.fit(x,y)
#每個特徵在每個類別下發生（出現）的次數。因為伯努利分佈只有兩個值
#我們只需要計算出現的機率P(x=1|y)，不出現的機率P(x=0|y)使用1減去P(x=1|y)即可
print('數值1出現次數：', bnb.feature_count_)
#每個類別樣本所佔的比重，即P(y)。注意該值為機率取對數之後的結果
#如果需要查看原有的機率，需要使用指數還原
print('類別佔比p(y)：',np.exp(bnb.class_log_prior_))
#每個類別下，每個特徵（值為1）所佔的比例（機率），即p(x|y)
#該值為機率取對數之後的結果，如果需要查看原有的機率，需要使用指數還原
print('特徵機率：',np.exp(bnb.feature_log_prob_))
```

結果輸出如下：

```
   x1  x2  y
0   0  -5  0
1  -2  -2  0
2   2   4  0
3  -2   0  1
4  -3  -1  1
5   2   1  1
數值1出現次數：[[1. 1.]
 [1. 1.]]
類別佔比p(y)：[0.5 0.5]
特徵機率：[[0.4 0.4]
 [0.4 0.4]]
```

4.2.3 多項式單純貝氏

假設特徵的先驗機率為多項式分佈，多項式單純貝氏適用於離散變數，其假設各個特徵 x_i 在各個類別 y 下服從多項式分佈，故每個特徵值不能是負數，即：

$$P(x_i|y)=\frac{N_{yi}+a}{N_y+a_n}$$
（公式 4.19）

- N_{yi}：特徵 i 在類別 y 的樣本中發生（出現）的次數。
- N_y：在類別 y 的樣本中，所有特徵發生（出現）的次數。
- n：特徵數量。
- α：平滑係數。

【例 4.4】多項式單純貝氏實驗例題。

```
# -*- coding: utf-8 -*-
```

```
import numpy as np
import pandas as pd
from sklearn.naive_bayes import MultinomialNB
np.random.seed(0)
x = np.random.randint(0,4,size=(6,2))
y = np.array([0,0,0,1,1,1])
data = pd.DataFrame(np.concatenate([x,y.reshape(-1,1)], axis=1),
columns=['x1','x2','y'])
display(data)
mnb = MultinomialNB()
mnb.fit(x,y)
#每個類別的樣本數量
print(mnb.class_count_)
#每個特徵在每個類別下發生（出現）的次數
print(mnb.feature_count_)
#每個類別下，每個特徵所佔的比例（機率），即P(x|y)
#該值為機率取對數之後的結果，如果需要查看原有的機率，需要使用指數還原
print(np.exp(mnb.feature_log_prob_))
```

結果輸出如下：

```
   x1  x2  y
0   0   3  0
1   1   0  0
2   3   3  0
3   3   3  1
4   1   3  1
5   1   2  1
[3. 3.]
[[4. 6.]
 [5. 8.]]
[[0.41666667 0.58333333]
 [0.4        0.6       ]]
```

4.3 單純貝氏分類實例

單純貝氏法是基於貝氏定理與特徵條件獨立假設的分類方法。對於給定的訓練資料集，首先基於特徵條件獨立假設學習輸入 / 輸出的聯合機率分佈；然後基於此模型，對於給定的輸入 x，利用貝氏定理求出後驗機率最大的輸出 y。

【例 4.5】垃圾郵件辨識。

```python
# -*- coding: utf-8 -*-
'''
垃圾郵件辨識
'''
from sklearn.feature_extraction.text import CountVectorizer
from sklearn.model_selection import train_test_split
import matplotlib.pyplot as plt
import pandas as pd
import numpy as np
# 【1】 讀取資料
spam_file = r"D:\scikt-learn原始程式碼\第4章程式\spam.csv"
to_drop=['Unnamed: 2','Unnamed: 3','Unnamed: 4']
df = pd.read_csv(spam_file, engine='python')
df.drop(columns=to_drop,inplace=True)
df['encoded_label']=df.v1.map({'spam':0,'ham':1})
print(df.head())
# 【2】 資料處理
# split into train and test
train_data, test_data, train_label, test_label = train_test_split(
    df.v2,
    df.encoded_label,
    test_size=0.7,
```

```
    random_state=0)   # df.v2是郵件內容，df.v1是郵件標籤（ham和spam）
# 使用CountVectorizer將句子轉化為向量
c_v = CountVectorizer(decode_error='ignore')
train_data = c_v.fit_transform(train_data)
test_data = c_v.transform(test_data)
# plt.matshow(train_data.toarray())
# plt.show()
# 單純貝氏演算法訓練預測
from sklearn import naive_bayes as nb
from sklearn.metrics import accuracy_score,classification_report,confusion_
matrix
clf=nb.MultinomialNB()
model=clf.fit(train_data, train_label)
predicted_label=model.predict(test_data)
print("train score:", clf.score(train_data, train_label))
print("test score:", clf.score(test_data, test_label))
print("Classifier Accuracy:",accuracy_score(test_label, predicted_label))
print("Classifier Report:\n",classification_report(test_label, predicted_
label))
print("Confusion Matrix:\n",confusion_matrix(test_label, predicted_label))
```

結果輸出如下：

```
    v1                                                      v2  encoded_label
0   ham  Go until jurong point, crazy.. Available only ...    1
1   ham                      Ok lar... Joking wif u oni...    1
2   spam  Free entry in 2 a wkly comp to win FA Cup fina...   0
3   ham  U dun say so early hor... U c already then say...    1
4   ham  Nah I don't think he goes to usf, he lives aro...    1
train score: 0.9934171154997008
test score: 0.9792360933094079
Classifier Accuracy: 0.9792360933094079
Classifier Report:
              precision    recall    f1-score    support
```

0	0.97	0.87	0.92	532
1	0.98	1.00	0.99	3369
accuracy			0.98	3901
macro avg	0.98	0.93	0.95	3901
weighted avg	0.98	0.98	0.98	3901

```
Confusion Matrix:
 [[ 463   69]
 [  12 3357]]
```

資料集 spam.csv 在程式原始程式資料夾。

【例 4.6】情感分析酒店評論。

```python
# -*- coding: utf-8 -*-
'''
讀取文字資料集情感分析酒店評論，將其轉化為詞向量
'''
from sklearn.feature_extraction.text import CountVectorizer
from sklearn.model_selection import train_test_split
from sklearn.utils import shuffle
import matplotlib.pyplot as plt
import pandas as pd
import numpy as np
import os
import pathlib
# 【1】讀取資料
data_dir = r"D:\scikt-learn原始程式碼\第4章程式\情感分析酒店評論"
def read_files_from_dir(dir):
    '''
    從資料夾中讀取情感分析酒店評論資料，返回檔案路徑和標籤
    '''
    file_names = []
    labels = []
    for roots, dirs, files in os.walk(dir):
```

```
        for directory in dirs: # 子目錄
            new_dir = os.path.join(dir,directory)
            for _,_, files in os.walk(new_dir):
                for file in files:
                    file_names.append(os.path.join(new_dir,file))
                    labels.append(directory)
    return [file_names, labels]
files_path,labels = read_files_from_dir(data_dir)
print(files_path[0])
# 將文字標籤轉為數值標籤
from sklearn.preprocessing import LabelEncoder
# 建構編碼器
le = LabelEncoder()
# 編碼
labels = le.fit_transform(labels)
def read_data(files_path):
    '''
    從含文字路徑的清單資料中讀取文字內容
    '''
    data = []
    for file in files_path:
        p = pathlib.Path(file)
        data.append(p.read_text(encoding='utf-8'))
    return data
data = read_data(files_path)
# 判斷資料和標籤數量是否一致
assert(len(labels)==len(data))
# 【2】 資料處理
# 打亂資料
data, labels = shuffle(data,labels)
# split into train and test
train_data, test_data, train_label, test_label = train_test_split(
    data,
```

```
    labels,
    test_size=0.2,
    random_state=0)
# 【3】 使用CountVectorizer將句子轉化為向量
c_v = CountVectorizer(decode_error='ignore')
train_data = c_v.fit_transform(train_data)
test_data = c_v.transform(test_data)
# plt.matshow(train_data.toarray())
# plt.show()
# 【4】 單純貝氏演算法訓練預測
from sklearn import naive_bayes as nb
from sklearn.metrics import accuracy_score,classification_report,confusion_
matrix

clf=nb.MultinomialNB()
model=clf.fit(train_data, train_label)
predicted_label=model.predict(test_data)
print("train score:", clf.score(train_data, train_label))
print("test score:", clf.score(test_data, test_label))
print("Classifier Accuracy:",accuracy_score(test_label, predicted_label))
print("Classifier Report:\n",classification_report(test_label, predicted_
label))
print("Confusion Matrix:\n",confusion_matrix(test_label, predicted_label))
```

結果輸出如下：

```
D:\scikt-learn原始程式碼\第4章程式\情感分析酒店評論\正面\pos.0.txt
train score: 0.9971875
test score: 0.84
Classifier Accuracy: 0.84
Classifier Report:
              precision    recall  f1-score   support

           0       0.88      0.79      0.83       402
```

```
        1       0.81     0.89     0.85      398

    accuracy                      0.84      800
   macro avg    0.84     0.84     0.84      800
weighted avg    0.84     0.84     0.84      800
```

```
Confusion Matrix:
 [[319  83]
 [ 45 353]]
```

分類器獲得了 80% 左右的準確率。

4.4 單純貝氏連續值的處理

當屬性是離散值時，類的先驗機率可以透過訓練集的各類樣本出現的次數來估計，舉例來說，A 類先驗機率 =A 類樣本的數量 / 樣本總數。類條件機率 $P(X_i=x_i|Y=y_j)$ 可以根據類 y_j 中屬性值等於 x_i 的訓練實例的比例來估計。

當屬性是連續型時，有兩種方法來估計屬性的類條件機率。第一種方法是把每一個連續的屬性離散化，然後用對應的離散區間替換連續屬性值，但這種方法不好控制離散區間劃分的細微性，如果細微性太細，就會因為每一個區間中的訓練記錄太少，而不能對 $P(X|Y)$ 做出可靠的估計；如果細微性太粗，那麼有些區間就會含有來自不同類的記錄，因此失去了正確的決策邊界。第二種方法是假設連續變數服從某種機率分佈，然後使用訓練資料估計分佈的參與數，高斯分佈通常被用來表示連續屬性的類條件機率分佈。

【例 4.7】單純貝氏分類器（連續值）的樣本如表 4.1 所示。

表 4.1　某樣本

編 號	身高（CM）	體重（斤）	鞋 碼	性 別
1	183	164	45	男
2	182	170	43	男
3	178	160	34	男
4	175	140	40	男
5	160	88	35	女
6	165	100	37	女
7	163	110	39	女
8	168	120	38	女

問題：身高 170，體重 130，鞋碼 42，請問是男的還是女的？

當特徵為連續值時，直接求條件機率就比較困難。假設特徵均為正態分佈，即身高、體重、鞋碼均為正態分佈，正態分佈的平均值、標準差由樣本算出，根據正態分佈算出某一個特徵的具體值。

程式如下：

```
# -*- coding: utf-8 -*-
#step1:設P(A1)身高為170，P(A2)體重為130，P(A3)鞋碼為42，P(B1)為男，P(B2)
為女生。
匯入資料
from pandas import DataFrame
from scipy import stats
#step1  匯入資料
data = DataFrame({'身高':[183,182,178,175,160,165,163,168],
                  '體重':[164,170,160,140,88,100,110,120],
```

```
                '鞋碼':[45,44,43,40,35,37,38,39],
                '性別':['男','男','男','男','女','女','女','女']
                })
#print(data)
#求不同label下特徵的平均值和標準差
male_height_mean = data[data['性別'] == '男']['身高'].mean()
male_height_std = data[data['性別'] == '男']['身高'].std()
famale_height_mean = data[data['性別'] == '女']['身高'].mean()
famale_height_std = data[data['性別'] == '女']['身高'].std()
male_weight_mean = data[data['性別'] == '男']['體重'].mean()
male_weight_std = data[data['性別'] == '男']['體重'].std()
famale_weight_mean = data[data['性別'] == '男']['體重'].mean()
famale_weight_std = data[data['性別'] == '男']['體重'].std()
male_shoesize_mean = data[data['性別'] == '男']['鞋碼'].mean()
male_shoesize_std = data[data['性別'] == '男']['鞋碼'].std()
famale_shoesize_mean = data[data['性別'] == '女']['鞋碼'].mean()
famale_shoesize_std = data[data['性別'] == '女']['鞋碼'].std()


#step2：計算已知分類結果下，各個特徵的機率
#stats.norm.pdf()求機率，loc為平均值，scale 為標準差
p_b1 = 1/2
p_b2 = 1/2
p_a1_b1 = stats.norm.pdf(x = 170,loc = male_height_mean,scale = male_
height_std )
p_a2_b1 = stats.norm.pdf(x = 130,loc = male_weight_mean,scale = male_
weight_std )
p_a3_b1 = stats.norm.pdf(x = 42,loc = male_shoesize_mean,scale = male_
shoesize_std )
p_a1_b2 = stats.norm.pdf(x = 170,loc = famale_height_mean,scale = famale_
height_std )
p_a2_b2 = stats.norm.pdf(x = 130,loc = famale_weight_mean,scale = famale_
weight_std )
```

```
p_a3_b2 = stats.norm.pdf(x = 42,loc = famale_shoesize_mean,scale = famale_
shoesize_std )
#print(p_a1_b1,p_a2_b1,p_a3_b1,p_a1_b2,p_a2_b2,p_a3_b2)

#step3.計算後驗機率大小
p1 = p_a1_b1 * p_a2_b1 * p_a3_b1 * p_b1
p2 = p_a1_b2 * p_a2_b2 * p_a3_b2 * p_b2
if p1 > p2:
    print('當身高為高,體重為中,鞋碼為中時,性別為{}'.format('男'),p1)
elif p1 == p2:
    print('當身高為高,體重為中,鞋碼為中時,男生女生機率一樣大',p1)
else:
    print('當身高為高,體重為中,鞋碼為中時,性別為{}'.format('女'),p2)
```

結果輸出如下：

當身高為高,體重為中,鞋碼為中時,性別為男 9.14678516552199e-07

4.5 本章小結

本章從單純貝氏的原理出發，詳細介紹了貝氏的數學原理、單純貝氏的分類、常用的單純貝氏演算法和單純貝氏校準，舉例描述了單純貝氏的分類實現，最後介紹了連續值和離散值的單純貝氏的處理方法與案例。

4.6 複習題

（1）和決策樹模型相比，單純貝氏分類器的優點是什麼？

（2）全機率公式、先驗機率、後驗機率分別指什麼？

（3）單純貝氏分類法的三個階段分別是什麼？

（4）常用的三種單純貝氏分別是什麼？

（5）什麼是高斯單純貝氏？

（6）什麼是伯努利單純貝氏？

（7）什麼是多項式單純貝氏？

線性回歸

線 性回歸（Linear Regression）指採用線性方程作為預測函數，對特
定的資料集進行回歸擬合，從而得到一個線性模型。比如最簡單的
線性回歸模型：一元線性方程 y=wx+b，它的因變數 y 隨著引數 x 的變化
而變化，故回歸擬合的目的是找到最佳參數 w、b，使得此線性函數能最
好地擬合已知的資料集（此處假設資料集中只有兩列資料，即只有一個
屬性 x 和它對應的真實值 y）。而由於一元線性方程 y=wx+b 代表的是一
條直線，故當樣本數目達到一定數量時，它不可能完美地擬合整個資料
集。那麼，如何才能選出最佳的參數 w、b，使得該簡單的線性模型能最
好地擬合已知的資料集呢？這裡就需要找到模型的損失函數，然後用梯
度下降演算法來不斷學習並得到最佳參數。本章將詳細介紹簡單線性回
歸模型訓練的基本步驟，內容分為以下幾個部分：

- 簡單的線性回歸模型的預測函數。
- 損失函數的定義和建構。
- 更新參數時最常用的梯度下降演算法。

- 資料集的分割方法。
- 用 sklearn 實現簡單線性回歸模型並預測。

5.1 簡單線性回歸模型

5.1.1 一元線性回歸模型

已知資料集 X，對應的結果集為 Y，我們假設預測函數式為：

$$h_\theta(x)=\theta_0+\theta_1 x \qquad （公式 5.1）$$

其中，θ_0、θ_1 為待確定的參數。

公式 5.1 是一元線性模型的預測函數。我們要做的是使用資料集 X 和對應的結果集 Y，透過不斷調整參數 θ_0、θ_1，使得輸入資料集 X 後，預測函數計算得到對應的值 $h(x)$ 與真實的結果集 Y 的整體誤差最小，此時找到的參數 θ_0、θ_1 為最佳參數，它們確定了預測函數 $h_\theta(x)$ 的運算式，從而使輸入未知資料點 $x*$ 時，模型能夠更加自信地計算出它對應的 $h(x)*$。下面用一個例子更形象地說明。

假如存在以下資料集：

輸入值x	結果y
1	3
2	5
3	8
4	9
5	9

我們假設 $h(x)=1+2x$，那麼當輸入 $x=1$ 時，計算出 $h(1)=3$，與已知結果 y 相符。同理，可以計算出，當輸入 $x=2$ 或 4 時，計算出的預測值 $h(x)$ 同樣與已知結果 y 相符。而當輸入 $x=3$ 或 5 時，計算出的 $h(x)$ 與結果 y 不相符。線性回歸就是透過已知資料集來確定預測函數的參數，它的目標是使得預測值與已知的結果集的整體誤差最小，從而對於新的資料，能夠更加精確地預測出它對應的 y 值應該為多少。

怎樣判斷預測函數已經最好地擬合了資料集呢？透過回顧之前學習到的知識，其實不難猜出，當預測值 $h(x^*)$ 與真實值 y 之間差距最小時，即找到了最好的擬合參數。因此，最直接地定義它們之間差距的方式就是計算它們的差值的平方。

5.1.2 損失函數

損失函數（Loss Function）的公式是：

$$L_\theta(x) = \frac{1}{2m} \sum_{i=1}^{m} (h_\theta(x) - y)^2 \qquad （公式 5.2）$$

已知一元線性模型的預測函數為公式 5.1，則它對應的損失函數為：

$$L_\theta(x) = \frac{1}{2m} \sum_{i=1}^{m} (\theta_0 + \theta_1 x - y)^2 \qquad （公式 5.3）$$

在公式 5.2 和公式 5.3 中，m 是資料集的樣本數。可以看出，損失函數其實就是計算所有樣本點的預測值與它的真實值之間「距離」的平方後求平均。所以，為了更進一步地擬合已知資料集，需要損失函數 $L_\theta(x)$ 的值越小越好。因此，我們的目標就是找到一組 θ_0、θ_1，它所對應的預測函數 $h_\theta(x)$ 計算出每個資料點的預測值與對應的真實值之間的差距的平方的平均值最小，即 $L_\theta(x)$ 最小，此時的 θ_0、θ_1 為我們要找到的參數。為了實現這個目標，需要透過梯度下降演算法不斷地更新參數 θ_0、θ_1 的值，使得損失函數 $L_\theta(x)$ 的值越來越小，直到迭代次數達到一定數量或損失函數 $L_\theta(x)$ 的值接近甚至等於 0 為止，此時的參數 θ_0、θ_1 為所找的參數值。有了損失函數，就能精確地測量模型對訓練樣本擬合的好壞程度。

5.1.3 梯度下降演算法

梯度下降（Gradient Descent）演算法是一個最最佳化演算法，在機器學習中常被用來遞迴地逼近最小偏差模型。梯度下降演算法屬於迭代法中的一種,它常常被用於求解線性或非線性的最小平方問題。求解機器學習演算法的模型參數屬於無約束最佳化問題，而梯度下降是其最常採用的方法之一，還有另一種常用的方法是最小平方法。在求解損失函數的最小值時，可以透過梯度下降法來一步步地迭代求解，最後得到最小化的損失函數和模型參數值。反過來，如果我們需要求解損失函數的最大值，這時就需要用梯度上升法來迭代了。

因此，對於上面提到的簡單線性回歸模型，為了找出使得損失函數值最小時的參數 θ_0、θ_1，需要使用梯度下降演算法。

梯度下降演算法的原理是：取一個點 (a,b) 為起始點，即為 θ_0、θ_1 賦初值為 a、b，從這個點出發，往某個方向踏一步，而這一步需要能最快到達 $L_\theta(x)$ 為最小值的位置。為了便於理解，我們可以假設在一個三維空間裡，以 θ_0 作為 x 軸，以 θ_1 作為 y 軸，以損失函數 $L_\theta(x)$ 作為 z 軸，那麼我們的目標就是找到 $L_\theta(x)$ 取得最小值的點所對應的 x 軸上的值和 y 軸上的值，即找到 z 軸方向上的最低點。由於損失函數 $L_\theta(x)$ 是凸函數，它存在最低點，因此我們把三維空間的圖轉化為等高線圖，可以畫出類似圖 5.1 所示的圖形。

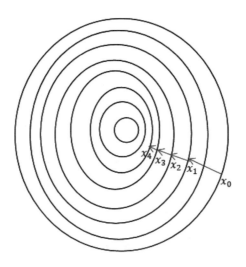

▲ 圖 5.1　梯度下降等高線圖

梯度下降演算法的思想是：首先隨機初始化 θ_0、θ_1 的值分別為 a、b，然後可以想像當一個人站在初始 (a,b) 的位置上，向四周看一圈，找到最陡的下坡方向，然後向此方向前進一步，在新的位置上再環顧四周，然後向著最陡的下坡方向邁進一步，繼續循環此操作，直到到達 z 軸方向的最低點，也就是損失函數取得最小值為止。每次找的最陡的下坡方向就是該位置的切線方向，可以透過在該點求偏微分得到，而邁出的步伐大小可以透過調節參數 η 來確定，η 也叫學習率，一般設定值較小。

對於一元線性模型，我們的目標就是找到一組 θ_0、θ_1，它所對應的預測函數 $L_\theta(x)$ 計算出每個資料點的預測值與對應的真實值之間的差值平方的平均值最小，即損失函數 $h_\theta(x)$ 最小，此時的 θ_0、θ_1 為我們要找到的參數。為了實現這個目標，需要透過梯度下降演算法不斷地更新參數 θ_0、θ_1 的值，使得損失函數 $L_\theta(x)$ 的值越來越小。因為梯度下降演算法需要用到偏微分，由公式 5.1 和公式 5.3 結合一階導數的求導公式可知：

$$\frac{\partial h_\theta(x)}{\partial \theta_0} = 1, \frac{\partial h_\theta(x)}{\partial \theta_1} = x \qquad \text{（公式 5.4）}$$

$$\frac{\partial L_\theta(x)}{\partial \theta_0} = 2 \times \frac{1}{2m} \sum_{i=1}^{m} (h_\theta(x) - y) \times \frac{\partial h_\theta(x)}{\partial \theta_0} \qquad \text{（公式 5.5）}$$

$$\frac{\partial L_\theta(x)}{\partial \theta_1} = 2 \times \frac{1}{2m} \sum_{i=1}^{m} (h_\theta(x) - y) \times \frac{\partial h_\theta(x)}{\partial \theta_1} \qquad \text{（公式 5.6）}$$

結合公式 5.4、公式 5.5 和公式 5.6，化簡後可得：

$$\frac{\partial L_\theta(x)}{\partial \theta_0} = \frac{1}{m} \sum_{i=1}^{m} (h_\theta(x) - y) \qquad \text{（公式 5.7）}$$

$$\frac{\partial L_\theta(x)}{\partial \theta_1} = \frac{1}{m} \sum_{i=1}^{m} ((h_\theta(x) - y)x) \qquad \text{（公式 5.8）}$$

使用梯度下降演算法，首先需要給 θ_0 和 θ_1 賦初值，然後每一輪同時更新 θ_0 和 θ_1 的值。一般來說，將 θ_0 和 θ_1 賦初值為 0，然後透過梯度下降演算法不斷地更新它們的值，使得損失函數值越來越小，其中更新參數 θ_0、θ_1 的公式為：

$$\theta_0 = \theta_0 - \eta \frac{\partial L_\theta(x)}{\partial \theta_0} \qquad \text{（公式 5.9）}$$

$$\theta_1 = \theta_1 - \eta \frac{\partial L_\theta(x)}{\partial \theta_1} \qquad \text{（公式 5.10）}$$

將公式 5.7 和公式 5.8 分別代入公式 5.9 和公式 5.10 中，可得到一元線性模型中，更新參數 θ_0、θ_1 的公式為：

$$\theta_0 = \theta_0 - \frac{\eta}{m} \sum_{i=1}^{m} (h_\theta(x) - y) \qquad \text{（公式 5.11）}$$

$$\theta_1 = \theta_1 - \frac{\eta}{m} \sum_{i=1}^{m} ((h_\theta(x) - y)x) \qquad （公式 5.12）$$

其中，η 為學習率，每輪需要給 θ_0 和 θ_1 同時更新值，直到迭代次數達到一定數量或損失函數 $L_\theta(x)$ 的值足夠小甚至等於 0 為止。

5.1.4 二元線性回歸模型

前面的章節介紹了最簡單的線性回歸模型，它只有一個因變數 x 與對應的結果 y。如果資料集中有兩個特徵 x_1、x_2，那麼此時需要用到二元線性回歸模型，它的預測函數為：

$$h_\theta(x) = \theta_0 + \theta_1 x_1 + \theta_2 x_2 \qquad （公式 5.13）$$

對應的損失函數為：

$$L_\theta(x) = \frac{1}{2m} \sum_{i=1}^{m} (\theta_0 + \theta_1 x_1 + \theta_2 x_2 - y)^2 \qquad （公式 5.14）$$

故，用公式 5.14 對三個參數求導可得：

$$\frac{\partial L_\theta(x)}{\partial \theta_0} = \frac{1}{m} \sum_{i=1}^{m} (h_\theta(x) - y) \qquad （公式 5.15）$$

$$\frac{\partial L_\theta(x)}{\partial \theta_1} = \frac{1}{m} \sum_{i=1}^{m} ((h_\theta(x) - y)x_1) \qquad （公式 5.16）$$

$$\frac{\partial L_\theta(x)}{\partial \theta_2} = \frac{1}{m} \sum_{i=1}^{m} ((h_\theta(x) - y)x_2) \qquad （公式 5.17）$$

同樣地，二元線性回歸模型也是使用梯度下降演算法，透過多次迭代更新參數 θ_0、θ_1、θ_2 的值，從而使得它的損失函數值越來越小。因此，首

先需要給 θ_0、θ_1、θ_2 賦初值,一般都給予值為 0,然後每一輪都同時更新 θ_0、θ_1、θ_2 的值。透過多次迭代更新後,使得損失函數 $L_\theta(x)$ 的值越來越接近 。。其中更新參數 θ_0、θ_1、θ_2 的公式分別為:

$$\theta_0 = \theta_0 - \eta \frac{\partial L_\theta(x)}{\partial \theta_0} = \theta_0 - \frac{\eta}{m} \sum_{i=1}^{m}(h_\theta(x) - y) \qquad (公式\ 5.18)$$

$$\theta_1 = \theta_1 - \eta \frac{\partial L_\theta(x)}{\partial \theta_1} = \theta_1 - \frac{\eta}{m} \sum_{i=1}^{m}((h_\theta(x) - y)x_1) \qquad (公式\ 5.19)$$

$$\theta_2 = \theta_2 - \eta \frac{\partial L_\theta(x)}{\partial \theta_2} = \theta_2 - \frac{\eta}{m} \sum_{i=1}^{m}((h_\theta(x) - y)x_2) \qquad (公式\ 5.20)$$

其中,η 為學習率,每輪需要給 θ_0、θ_1、θ_2 同時更新值,直到迭代次數達到一定數量或損失函數 $L_\theta(x)$ 的值足夠小甚至等於 0 為止。

5.1.5 多元線性回歸模型

同樣的道理,當每筆資料有兩個以上的特徵時,可以使用多元線性回歸模型來擬合資料集。多元線性模型的預測函數為:

$$h_\theta(x) = \theta_0 + \theta_1 x_1 + \theta_2 x_2 + \cdots + \theta_n x_n \qquad (公式\ 5.21)$$

在現實案例中,每筆資料一般都有很多特徵,故常用多元線性模型來進行回歸擬合。在進行多元線性回歸擬合之前,還需要對資料進行前置處理等。關於多元線性回歸模型會在第 7 章進行詳細講解。

5.2 分割資料集

一般來說，機器學習的簡單流程如下：

（1）收集大量與任務相關的資料集，然後根據資料集和具體問題選擇適合的模型。

（2）用這些收集到的資料訓練模型。

（3）模型透過多次迭代後不斷收斂，直到得到對資料集擬合合理的模型。

（4）將訓練好的模型應用到真實場景中，對新資料進行預測。

我們最終的目的是希望將訓練好的模型部署到真實場景中，並且能夠在真實資料的預測上得到較高的準確率，即希望對新資料的預測結果的誤差越小越好。我們把模型在真實場景中預測的誤差叫作泛化誤差，最終的目的是希望泛化誤差越小越好。

所以，我們需要找到某個可以預先測得大概的泛化誤差的方式，這樣能夠指導模型訓練得到具有更強泛化能力的模型。

5.2.1 訓練集和測試集

由於在部署環境和訓練模型之間往復的代價很高，因此我們不能直接了解模型的泛化能力。同時，由於我們獲得的資料往往是有限的，因此也不能直接使用模型對訓練資料集的擬合程度作為模型泛化能力的評判標準。因此，有沒有一個更好、更方便的方式呢？答案是肯定的。最簡單的方式就是將資料集拆分為訓練集和測試集兩部分。

先用訓練集訓練模型，然後用測試集對訓練好的模型進行測試，計算該模型在測試集上的誤差作為最終模型在應對現實場景中的泛化誤差。由於測試集的資料是模型在訓練過程中沒接觸到的，故想要驗證模型的最終效果，只需將訓練好的模型在測試集上計算誤差，即可認為其是泛化誤差的近似。為了使得模型具有較強的泛化能力，我們只需讓訓練好的模型在測試集上的誤差最小即可。

下面還有幾點需要注意：

（1）通常將資料集中的 80% 作為訓練集，剩下的 20% 作為測試集；或將其 70% 作為訓練集，30% 作為測試集。

（2）對資料集的拆分多採用隨機的分配方式，在建構模型之前就對資料集進行劃分，然後用訓練集的資料對模型進行訓練，使用梯度下降演算法，經過多次迭代最佳化後得到模型的參數，從而確定模型的各個公式，最後用測試集的資料對模型進行測試，模型在測試集上的表現可以看作模型好壞的評判標準之一。

（3）在拆分資料集的方法中，有一個最常用的方式是十折交叉驗證（10-Fold Cross-Validation）法，它將資料集的資料平均分為 10 份，然後輪流將其中的 1 份作為測試資料，剩下的 9 份作為訓練資料來訓練模型。由於每次試驗都能得到對應的正確率，故最後能得到 10 次試驗的正確率，然後對這 10 個正確率求平均值，作為演算法精度的估計。經過大量的實驗證明，十折交叉驗證法能取得較好的誤差估計。

（4）通常我們在訓練模型之前需要對資料集進行前置處理，包括資料的清洗、資料的特徵縮放（標準化或歸一化）等。我們只需要在訓練集上進行這些操作，然後將其在訓練集上得到的參數應用到測試集中即可。也就是說，我們不能使用在測試集上計算得到的任何結果。舉個例子，我們首先把資料集分成了訓練集和測試集，假設訓練集中有屬性存在遺漏值，通常的做法是透過計算屬性值的中位數來填充遺漏值，注意此時計算屬性值的中位數時只在訓練集上進行計算。當我們要對測試集中的屬性遺漏值進行填充時，只需要對從訓練集計算得到的對應屬性值中位數進行填充即可，不能對從測試集上計算得到的中位數進行填充。

由於測試集作為最後檢驗模型泛化能力的資料集，因此訓練好模型後，用測試集近似估計模型的泛化能力。如果訓練了多個模型，需要對比這幾個模型的好壞，可以用測試集驗證一下，對比它們的泛化誤差，選擇泛化能力強的模型。

那麼具體要如何劃分資料集為訓練集和測試集呢？程式很簡單，可以自己撰寫程式，也可以使用 sklearn 提供的函數來實現資料集的分割。

【例 5.1】使用 Python 實現資料集的分割。

```python
import numpy as np
def my_split_train_test(data,test_ratio):
    #設定隨機數種子
    np.random.seed(40)
    #生成0-len(data)的隨機序列
    shuffled_sequence = np.random.permutation(len(data))
    #計算測試集所佔的百分比，拆分資料集為測試集和訓練集
    testSet_size = int(len(data) * test_ratio)
    test_sequence = shuffled_sequence[:testSet_size]
    train_sequence = shuffled_sequence[testSet_size:]
    #iloc選擇參數序列中所對應的行
    return data.iloc[train_sequence],data.iloc[test_sequence]
#下面用一個資料集測試上面的程式
import pandas as pd
data = pd.DataFrame([
            ['green', 'M', 10.1, 'class1'],
            ['red', 'L', 13.5, 'class2'],
```

```
          ['blue', 'XL', 15.3, 'class1'],
          ['green', 'L', 11.2, 'class1'],
          ['red', 'S', 7.5, 'class2'],
          ['blue', 'XXL', 18.3, 'class1'],
          ['green', 'S', 8.9, 'class1'],
          ['red', 'M', 10.2, 'class2'],
          ['blue', 'L', 13.7, 'class1'],
          ['blue', 'S', 9.3, 'class1']])
train_data,test_data = my_split_train_test(data,0.3)
print(len(train_data), "trainData +", len(test_data), "testData")
print(train_data)
print(test_data)
```

執行上面的程式，可以得到輸出為：

```
7 trainData + 3 testData
        0    1    2        3
1    red    L  13.5  class2
2   blue   XL  15.3  class1
9   blue    S   9.3  class1
0  green    M  10.1  class1
5   blue  XXL  18.3  class1
7    red    M  10.2  class2
6  green    S   8.9  class1
        0    1    2        3
4    red    S   7.5  class2
3  green    L  11.2  class1
8   blue    L  13.7  class1
```

可以看到訓練集和測試集的樣本數量是按照我們設定的比例分配的，而且順序是打亂的（第一列為序號）。由於我們前面設定了隨機數種子，因此每次執行都能得到同樣的結果。如果將設定隨機數種子的這行程式

np.random.seed(40) 註釋起來，那麼每次執行得到的結果就不同了。感興趣的讀者可以試一下。

【例 5.2】另一種實現資料集分割的方式是使用 sklearn 提供的函數來實現。

```
from sklearn.model_selection import train_test_split
#data:需要進行拆分的資料集
#random_state:設定隨機數種子，保證每次執行生成相同的隨機數
#test_size:測試集的比例
#下面用一個資料集測試train_test_split函數
import pandas as pd
data = pd.DataFrame([
            ['green', 'M', 10.1, 'class1'],
            ['red', 'L', 13.5, 'class2'],
            ['blue', 'XL', 15.3, 'class1'],
            ['green', 'L', 11.2, 'class1'],
            ['red', 'S', 7.5, 'class2'],
            ['blue', 'XXL', 18.3, 'class1'],
            ['green', 'S', 8.9, 'class1'],
            ['red', 'M', 10.2, 'class2'],
            ['blue', 'L', 13.7, 'class1'],
            ['blue', 'S', 9.3, 'class1']])
train_data, test_data = train_test_split(data, test_size=0.3, random_
state=40)
print(len(train_data), "trainData +", len(test_data), "testData")
print(train_data)
print(test_data)
```

輸出上面的程式拆分的資料集，也能得到與【例 5.1】一樣的結果。

前面介紹的都是用隨機的採樣方式對資料集進行拆分，這種方式只適用

於大量資料集以及目標值分佈均勻的情況。在分類任務中，很可能存在
各個類別的樣本數差別很大的情況。比如腫瘤良性和惡性的二分類問
題，正樣本（良性）的樣本數可能佔90%，而負樣本（惡性）的樣本數
可能只佔10%，如果我們還是按照隨機採樣的方式對資料集進行拆分，
極端的情況可能是訓練集中只包含正樣本，而負樣本都在測試集中，這
樣訓練出來的模型效果一定不會太好。所以我們需要採用分層採樣的方
式對資料集進行劃分，即保證訓練集中既包含一定比例的正樣本，又包
含一定比例的負樣本。

【例 5.3】sklearn 中也提供了分層抽樣的類別（官網提供的例子）。

```
import numpy as np
# 匯入分層抽樣的類別
from sklearn.model_selection import StratifiedShuffleSplit
X = np.array([[1, 2], [3, 4], [1, 2], [3, 4], [1, 2], [3, 4]])
y = np.array([0, 0, 0, 1, 1, 1])
sss = StratifiedShuffleSplit(n_splits=5, test_size=0.5, random_state=0)
sss.get_n_splits(X, y)
print(sss)
for train_index, test_index in sss.split(X, y):
    print("TRAIN:", train_index, "TEST:", test_index)
    X_train, X_test = X[train_index], X[test_index]
    y_train, y_test = y[train_index], y[test_index]
```

透過官方舉出的例子，我們了解到如何使用 StratifiedShuffleSplit 類別實
現用分層採樣的方式分割資料集，這個函數包含的參數如下：

- n_splits：分割迭代的次數，如果我們要劃分訓練集和測試集的話，將
  其設定為 1 即可。
- test_size：分割測試集的比例。
- random_state：設定隨機種子。

綜上所述，當資料集的樣本數很大且目標值分佈均勻時，可以採用隨機採樣的方式，直接用 sklearn 中的 train_test_split 函數實現資料集的分割。若資料集中各個類別的樣本數差別較大，則可採用分層採樣的方式分割資料集，直接使用 sklearn 中的 StratifiedShuffleSplit 類別即可。

5.2.2 驗證集

上一節討論了將資料集劃分為訓練集和測試集的原因及其劃分方法，包括用 Python 程式簡單和 sklearn 提供的函數和類別實現對資料集的分割。訓練集用於對模型的訓練，而測試集用於近似模型的泛化。如果現在有兩個模型，我們可以用訓練集分別訓練這兩個模型，然後用測試集分別測試這些模型的得分，從而選擇分數高（即泛化能力強）的模型。

然而，我們不僅需要對不同的模型進行對比，而且也需要對模型本身進行選擇。比如對比線性模型和神經網路模型，我們都知道神經網路模型的泛化能力更強一些，但是它有很多參數需要人工選擇，這些參數叫作超參數，它包括神經網路的框架、每層神經元的個數以及正則化的參數等。這些超參數對模型的最終效果非常重要，需要多次調節以期達到最好的效果。

由於需要調節這些超參數來使得模型泛化能力達到最強，前面也說了我們通常使用測試集作為模型泛化誤差的估計，故直接拿測試集的資料來調節這些超參數是否就行了呢？答案是否定的。因為我們的確可以用測試集的資料來不斷調整超參數的值，以達到誤差值最小甚至等於 0，但是這樣的模型部署到真實場景中使用時，可以發現模型的預測效果非常差。

這一現象稱為資訊洩露。因為我們使用測試集作為檢驗模型泛化能力的資料，所以不到最後時刻都不能將測試集的資訊洩露出去。舉例來說，在考試之前我們做的練習題相當於訓練集，而測試集相當於最終的試卷冊，我們透過最終的考試來檢驗學生真正的水準。如果考試之前試卷的資訊洩露了，學生提前知道了考試題目，那麼最終考出來的成績並不能代表該學生的真正水準，即使考的分數再高，也不能表示該學生能力很強。而由於調整模型超參數的目的是為了使得模型在測試集上的誤差最小，如果用測試集來調節模型的超參數，就相當於不僅洩露了考試題目，學生還都學會了如何做這些題，後面再拿這些題目考試的話，人人都可能考滿分，這樣並不能檢驗學生的真實水準。

原先我們是用測試集來近似評估模型的泛化能力，但由於資訊洩露，此時無法再透過測試集來近似泛化誤差，故需要找一種解決辦法，即使用驗證集。比如在學習過程中，老師會準備一些小測試幫助學生查缺補漏，這些小測試就相當於驗證集。用驗證集作為調整模型的依據，這樣就不會將測試集中的資訊洩露出來，從而可以使用測試集來近似評估模型的泛化能力。

因此，我們需要將資料集分割為訓練集、驗證集和測試集三部分。用訓練集來訓練模型，然後用驗證集調整模型的超參數，找到最佳的模型和參數後，最後用測試集做測試，測試集上的誤差作為模型泛化誤差的近似。關於如何將資料集劃分為訓練集、驗證集和測試集，可以參考上一節的程式。一般來說，當資料量不是很大（萬等級以下）時，可以考慮將資料集分割為：60% 作為訓練集，20% 作為驗證集，20% 作為測試集；當資料量很大時，可以將訓練集、驗證集、測試集比例調整為 98:1:1；當可用的資料很少時，也可以使用一些高級的方法，比如 K 折交叉驗證等。

5.3 用簡單線性回歸模型預測考試成績

本範例是一個非常簡單的例子。資料集由一個特徵：學習時長（time），
與其對應的 y 值：考試成績（score）組成。透過一個簡單線性回歸模
型，使用已知資料集對模型進行訓練，訓練後得出線性回歸模型的參
數，從而得到學習時長與考試成績之間的關係。透過訓練好的模型，輸
入學習時長，就能預測出對應的考試成績。

5.3.1 建立資料集並提取特徵和標籤

首先需要匯入相關的模組，然後建立資料集，這裡使用 Pandas 資料分析
套件。具體程式如下：

【例 5.4】簡單線性回歸模型預測考試成績。

```
#匯入相關的模組
from collections import OrderedDict
import pandas as pd
#建立資料集
data = {'學習時長':[0.5, 0.65, 1, 1.25, 1.4,1.75, 1.75, 2, 2.25, 2.45,
2.65, 3, 3.25,3.5, 4, 4.25, 4.5, 4.75, 5, 5.5, 6],
'成績':[12,23,18,43,20,22,23,35,50,63,48,55,76,62,73,82,76,64,82,91,93]}
dataOrderDict = OrderedDict(data)
dataDf = pd.DataFrame(dataOrderDict)
#提取特徵和標籤，分別存放到data_X、data_Y中
data_X = dataDf.loc[:,'學習時長']
data_Y = dataDf.loc[:,'成績']
```

將資料集的散點圖畫出來，可以看一下資料的分佈，程式如下：

```
#匯入畫圖的函數庫函數
import matplotlib.pyplot as plt
#畫出資料集的散點圖
plt.scatter(data_X,data_Y,color='red',label='score')
#設定散點圖的標題、坐標軸的標籤
plt.title("Data distribution image")
plt.xlabel('the learning time')
plt.ylabel('score')
#將圖顯示出來
plt.show()
```

結果輸出如圖 5.2 所示。

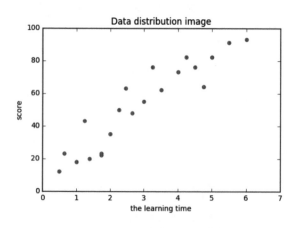

▲ 圖 5.2 案例資料分佈圖

下一步需要將資料集拆分為訓練集和測試集，訓練集用於訓練模型，然後用測試集計算模型的得分。這裡使用 sklearn 中的 train_test_split 函數實現對資料集的拆分。然後輸出拆分後的訓練集和測試集的大小。

```
from sklearn.model_selection import train_test_split
from sklearn.linear_model import LinearRegression
X_train,X_test,y_train,y_test = train_test_split(data_X,data_Y,test_
size=0.2)
print('data_X.shape:',data_X.shape)
print('X_train.shape:',X_train.shape)
print('X_test.shape:',X_test.shape)
print('data_Y.shape:',data_Y.shape)
print('y_train.shape:',y_train.shape)
print('y_test.shape:',y_test.shape)
```

輸出結果如下：

```
data_X.shape: (21,)
X_train.shape: (16,)
X_test.shape: (5,)
data_Y.shape: (21,)
y_train.shape: (16,)
y_test.shape: (5,)
```

接著畫出訓練資料和測試資料的影像，程式如下：

```
plt.scatter(X_train,y_train,color='blue',label='training data')
plt.scatter(X_test,y_test,color='red',label='testing data')
plt.legend(loc=2)
plt.xlabel('the learning time')
plt.ylabel('score')
plt.show()
```

輸出如圖 5.3 所示。

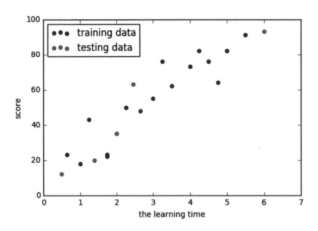

▲ 圖 5.3 訓練集和測試集的資料點分佈圖

5.3.2 模型訓練

在 sklearn 中，LinearRegression 類別實現了線性回歸演算法。前面已經將資料集拆分為訓練集和測試集，這裡將訓練集中的資料登錄模型中進行訓練，具體程式如下：

```
#匯入LinearRegression類別
from sklearn.linear_model import LinearRegression
#將X_train、y_train轉化成1列資料
X_train = X_train.reshape(-1,1)
y_train = y_train.reshape(-1,1)
#生成線性回歸模型，然後將訓練集資料登錄模型中進行訓練
model = LinearRegression()
model.fit(X_train,y_train)
```

這樣線性回歸模型就訓練由於資料集只含一個特徵值，故該案例的預測函數為 $h_\theta(x)=\theta_0+\theta_1 x$，訓練後即可得到最佳擬合線，它的參數 θ_0、θ_1 的值可以透過 model.intercept_ 和 model.coef_ 得到，具體程式如下：

```
#截距
a = model.intercept_
#回歸係數
b = model.coef_
print('最佳擬合線：截距a=',a,'回歸係數b=',b)
```

其中 θ_0、θ_1 分別對應截距 a 和回歸係數 b。執行程式，輸出結果如下：

最佳擬合線：截距a= [9.09387798] 回歸係數b= [[15.07109838]]

下面繪製最佳擬合曲線圖像，程式如下：

```
plt.scatter(X_train,y_train,color='blue',label='training data')
y_train_predData = model.predict(X_train)
plt.plot(X_train,y_train_predData,color='green',linewidth=3,label='best fit
line')
plt.legend(loc=2)
plt.xlabel('the learning time')
plt.ylabel('score')
plt.show()
```

輸出的擬合曲線如圖 5.4 所示。

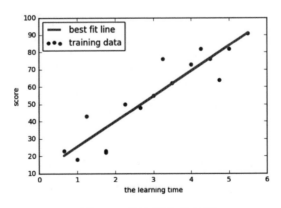

▲ 圖 5.4 最佳擬合曲線圖

下面將測試集資料點也畫出來，看看最佳擬合曲線是否能在測試集上也表現不錯，程式如下：

```
plt.scatter(X_train,y_train,color='blue',label='training data')
y_train_predData = model.predict(X_train)
plt.plot(X_train,y_train_predData,color='green',linewidth=3,label='best fit
line')
plt.scatter(X_test,y_test,color='red',label='testing data')
plt.legend(loc=2)
plt.xlabel('the learning time')
plt.ylabel('score')
plt.show()
```

輸出如圖 5.5 所示。

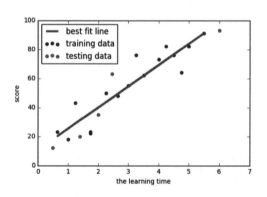

▲ 圖 5.5　透過資料評估模型

可以看到，測試資料點也是圍繞在最佳擬合曲線附近，證明擬合曲線還是不錯的。這個訓練好的線性回歸模型在訓練集和測試集上的得分是多少呢？可以透過 model.score() 函數來計算，這個函數可以在官網 API 中查到詳細資訊，它是透過公式 $1-\dfrac{u}{v}$ 計算得到的。其中：

$$u = \sum\nolimits_{i=1}^{m}(\mathrm{y\_true} - \mathrm{y\_pred})^2 \qquad v = \sum\nolimits_{i=1}^{m}(\mathrm{y\_true} - \mathrm{y\_true.mean()})^2$$

u 和 v 都是非負數,故得分最高為 1。具體程式如下:

```
X_test = X_test.reshape(-1,1)
y_test = y_test.reshape(-1,1)
trainData_score = model.score(X_train,y_train)
testData_score = model.score(X_test,y_test)
print('trainData_score:',trainData_score)
print('testData_score:',testData_score)
```

輸出結果如下:

```
trainData_score: 0.845515661166
testData_score: 0.890717012244
```

我們也可以用這個訓練好的模型預測成績,輸入一個學習時長,比如 3.7,然後呼叫 model.predict() 函數即可,程式如下:

```
y_pred = model.predict(3.7)
print('y_realValue:',y_pred)
```

輸出結果如下:

```
y_realValue: [[ 64.78608188]]
```

讀者自己執行一下程式,可能會得到不一樣的結果,這是因為訓練集和測試集是打亂順序的,因此最終訓練後的參數可能有些不同。

這個例子用的資料集比較少,而且是只有一個特徵的簡單模型。現實中的模型態資料量比這個資料集大很多,特徵也複雜多樣,關於多元複雜的資料集如何進行線性回歸擬合的問題,會在第 7 章中詳細講解。

5.4 本章小結

線性回歸是一種最基礎、最常用的機器學習演算法。本章介紹了簡單線性回歸模型的預測函數、損失函數，以及用於在訓練模型的過程中更新參數的梯度下降演算法。另外，也介紹了資料集的處理方法，包括用簡單的程式以及 sklearn 實現資料集的拆分等。本章最後透過一個例子介紹了訓練簡單的線性回歸模型的詳細步驟。

5.5 複習題

（1） 線性回歸模型有什麼特點？它的預測函數和損失函數的公式是什麼？

（2） 建構一個線性回歸模型的具體步驟有哪些？

（3） 如何訓練一個線性回歸模型，一般採用什麼演算法？

（4） 訓練模型之前需要拆分資料集，一般有幾種拆分方式？每個資料子集的用途是什麼？哪個資料集佔總資料集的比例最大？

用 k 近鄰演算法分類和回歸

k 近鄰演算法屬於有監督學習演算法，它是一種基本的分類和回歸方法。本章首先介紹用 k 近鄰演算法處理分類問題，演算法的原理是：對一個未分類的資料，透過與它相鄰且距離最近的 k 個已分類的實例來投票，從而確定其分屬的類別，即與它距離最近的 k 個實例多數歸屬的類別就是此未分類實例的類別。k 近鄰演算法除了能處理分類問題外，還可用於處理回歸問題。因此，本章將詳細介紹 k 近鄰演算法的原理及其在處理分類問題、回歸問題方面的應用，還將透過使用 sklearn 工具套件舉例說明如何將 k 近鄰模型應用於機器學習問題中。

本章內容分為以下幾個部分：

- 介紹分類問題的 k 近鄰演算法模型。
- 介紹度量距離的三種方法。
- 討論 k 近鄰演算法的優缺點和演算法的變種。
- 介紹 k 近鄰演算法在回歸問題中的應用。
- 用 sklearn 實現用 k 近鄰模型處理分類問題和回歸問題。

6.1 *k* 近鄰演算法模型

6.1.1 *k* 近鄰演算法的原理

k 近鄰演算法是處理分類問題最基本、最常用的演算法之一。*k* 近鄰演算法對一個未分類的資料所屬的類別進行預測，透過與它相鄰且距離最近的 *k* 個已分類的實例來投票，從而確定其分屬的類別。也就是說，把與它距離最近的 *k* 個實例多數屬於的類別作為此待分類實例的類別。舉個例子來進一步說明 *k* 近鄰演算法的思想，比如我們已知資料分佈圖如圖 6.1 所示。

▲ 圖 6.1 資料分佈圖

圖 6.1 中有兩類已知所屬類別的樣本資料，分別使用藍色的三角形和綠色的菱形表示，同時圖的正中間那個紅色的五角星資料是待分類的資料。如果我們採用 *k* 近鄰演算法來進行分類預測的話，不同的 *k* 設定值會使得得到的結果不同：

（1）當 *k*=4 時，由於距離紅色五角星點最近的 4 個點分別是 3 個綠色菱形和 1 個藍色的三角形，故透過少數服從多數的投票後，判定紅色這個待分類的點屬於綠色菱形這一類。所以在這個例子中，用 *k*=4

的 k 近鄰演算法預測得到紅色未分類的五角星點應該歸類到綠色菱形同一類中。

（2）當 k=9 時，由於距離紅色五角星點最近的 9 個點分別是 4 個綠色菱形和 5 個藍色的三角形，故透過少數服從多數的投票後，判定紅色這個待分類的點屬於藍色三角形這一類。所以用 k=9 的 k 近鄰演算法預測得到紅色未分類的五角星點應該歸類到藍色三角形同一類中。

從上面的例子可以看出 k 近鄰演算法的思想很簡單，但是 k 值的選擇不同，會導致結果不一樣。所以，選擇合適的 k 值對 k 近鄰演算法非常重要。一般來説，當 k 值太小時，就表示模型太複雜，容易導致過擬合；當 k 值太大時，就表示模型太簡單，容易導致欠擬合。因此，確定一個合適的 k 值非常重要。

為什麼 k 值太大或太小會導致過擬合、欠擬合呢？

舉一個極端的例子，假設我們把 k 設定為全部已知樣本集，那麼預測一個未知的資料，我們只需要計算出已知的所有樣本中最多樣本的類別，需要預測的任何未知資料都會被歸屬到這個原有資料中樣本數最多的類別，這就相當於模型根本沒有訓練，只是統計好已知樣本點的類別，找到最多樣本點的類別，並且每次舉出的預測結果都是這個類別，這就會導致欠擬合的現象。下面用圖 6.2 來進一步説明。

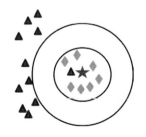

▲ 圖 6.2 資料點分佈圖

圖中共有兩種已知類別的樣本點，一種是藍色三角形，有 11 個；另一種是綠色菱形，有 7 個。另外，圖中紅色五角星是未分類的資料點，我們希望利用已知類別的樣本點，透過 k 近鄰演算法預測紅色五角星資料點所屬的類別。當把 k 設定為所有已經分類的樣本點數量（即 $k=18$）時，待分類的紅色五角星點就會被歸類為藍色三角形一類，因為它數量最多，而這樣顯然是錯誤的，從圖 6.2 的資料點分佈中可以看出，紅色五角星點應該屬於綠色菱形一類。所以 k 設定太大會導致模型過於簡單，屬於欠擬合問題。

另一種極端的情況是，如果我們設定 $k=1$，那麼每次 k 的分類就是與它距離最近的點所屬的類別，這樣就會導致模型特別複雜（因為未分類的資料點位置稍微偏差，就能導致它們所屬的類別不同），也就會造成過擬合現象。同時，k 太小會導致模型容易受到雜訊的影響，就像圖 6.2 中，在一堆綠色菱形中有一個藍色三角形，這個點就是雜訊。如果此時 $k=1$，那麼在它附近有新的待分類的點就很有可能被歸類到藍色三角形這個類別，這樣就會受到雜訊的影響導致分類錯誤。

綜上所述，當 k 太小時，k 近鄰模型容易受到雜訊的影響，也容易出現過擬合問題；而當 k 太大時，此時與待分類的實例距離較遠的樣本點也會對分類起作用，使得預測發生錯誤，模型容易出現欠擬合問題。因此，選擇一個合適的 k 值對 k 近鄰演算法來說顯得尤為重要。

6.1.2 距離的度量

k 近鄰演算法每次都需要計算未分類資料與所有已知分類的樣本資料的距離，然後排序取出距離最近的 k 個資料來投票得到最終分類的結果。因此，如何計算距離也屬於非常重要的一環。計算距離的方法一般有三種，分別是：

歐氏距離：

$$L_2(x_i, x_j) = \left(\sum_{l=1}^{n} (x_i^{(l)} - x_j^{(l)})^2 \right)^{\frac{1}{2}}$$ （公式 6.1）

曼哈頓距離：

$$L_1(x_i, x_j) = \sum_{l=1}^{n} \left| x_i^{(l)} - x_j^{(l)} \right|$$ （公式 6.2）

各個座標距離的最大值：

$$L_\infty(x_i, x_j) = \max_l \left| x_i^{(l)} - x_j^{(l)} \right|$$ （公式 6.3）

在上述公式中，我們記 x_i 和 x_j 都為 n 維的向量。其中最常用的計算距離的方法是歐氏距離，一般都用它來計算高維空間中兩點的距離。而在實際應用中，距離函數的選擇應該根據資料的特徵和具體分析來定。

6.1.3 演算法的優缺點及演算法的變種

從前面章節的介紹可知，k 近鄰演算法的優點是：可以透過不斷地實驗來找到合適的 k 值，從而使得演算法準確性高，對異常值和雜訊有較高的容忍度。

k 近鄰演算法的缺點也很明顯，從演算法原理可以看到，每次對一個未標記的樣本進行分類時，都需要對其與全部已標記的樣本的距離進行計算和排序，並且在現實場景中，每個樣本也有很多的特徵值，故而計算量較大，對記憶體的需求也較大。

由於 k 近鄰演算法存在上述缺點，故可以考慮對現有演算法做一些改變，可以從以下幾個方面考慮 k 近鄰演算法的變種：

（1） k 近鄰演算法有一種變種的方法是對不同距離的鄰居設定不同的權重（Weight），然後進行投票來預測待分類資料所屬的類別。這樣做的好處是可以將距離越近的已標記的樣本的權重設定得更大，使得最終投票的結果更加準確。而未改進之前的 k 近鄰演算法是設定 k 個樣本的權重一致，這樣 k 個樣本中距離遠近的重要程度就不能區分出來了。

（2） k 近鄰演算法還有另一種變種的方法，思想是：以待標記的資料為中心，按照它半徑內的點來投票確定它所屬的分類，而非固定 k 值的方式。在 sklearn 中，RadiusNeighborsClassifier 類別實現了這個演算法的變種，當已標記的資料集分佈不均勻時，這種方式可以取得更好的性能。

上面也説了 k 近鄰演算法的缺點主要是計算量大，記憶體需求較大，主要也是因為每次都需要全部計算一遍距離，然後排序找出距離最近的 k 個點。因此，有一種叫 K-D Tree 的資料結構可以極佳地解決這個問題。為了避免每次都重新計算一遍距離，K-D Tree 會把距離資訊都保存在一棵樹中，這樣可以在計算之前先查詢樹得到距離資訊，儘量避免重複計算。這種方法的基本思想是：假如從 A 到 B 的距離很遠，而且從 B 到 C 的距離很近，那麼 A 和 C 之間的距離也很遠。用這種方法就可以在適當的時候排除掉一些距離遠的點，從而減少運算量。

假設有 M 個樣本、N 個特徵的資料集，那麼 k 近鄰演算法的時間複雜度為 $O(NM)2$。使用 K-D Tree 方法後，演算法的複雜度可降為 $O(NM \log M)$。想要深入了解的讀者可以查閱文獻：*Communications of the ACM*（Bentley,J.L.）。在後續的研究中，還有學者提出了改進 K-D Tree 的新演算法，感興趣的讀者也可一併查閱。

總之，透過對演算法的改進可以提高 k 近鄰演算法的效率，從而使得它被更加廣泛地應用在各個領域中。

6.2 用 k 近鄰演算法處理分類問題

前面章節已經詳細介紹了 scikit-learn 工具套件，在 scikit-learn 中提供了實現 k 近鄰模型的 KNeighborsClassifier 類別。同時，scikit-learn 中也提供了 make_blobs 函數，可用於生成隨機的資料點，透過指定中心點後，採用高斯函數的方式隨機生成採樣點。因此，我們可以利用 make_blobs 函數生成符合特定分佈規律的隨機資料樣本點。舉一個例子，我們想要有 4 類資料，每類資料都集中在它的中心點附近，而且這 4 類資料分別屬於 4 個不同類別。為了更進一步地在二維空間中顯示這 4 類資料集，設定 make_blobs 函數中的 n_features=2，表明生成的資料實例都有兩個屬性值，這樣就可以將其映射到二維空間中。

【例 6.1】用 make_blobs 函數生成 4 類資料樣本點，然後用 KNeighborsClassifier 類別實現 k 近鄰模型，實現對新資料點的分類進行預測，最後畫出資料點分佈圖。

```
# -*- coding: utf-8 -*-
# 匯入需要使用的模組
from sklearn.datasets import make_blobs
from sklearn.neighbors import KNeighborsClassifier
import matplotlib.pyplot as plt
import numpy as np
# 設定採樣點數量、4類資料集的中心點
n_samples = 1000
```

```
n_centers = [[-2 , 0], [2 , 0], [0, 4],[4, 4]]
# 生成樣本資料
X, y_true = make_blobs(n_samples=n_samples,
                       n_features=2,
                       centers=n_centers,
                       cluster_std=0.60,
                       random_state=0)
# 畫出樣本資料分佈圖
plt.figure(figsize=(10,7),dpi=100)
c = np.array(n_centers)
# 畫出散點圖
plt.scatter(X[:,0],X[:,1],c=y_true,s=80,cmap='cool');
plt.scatter(c[:,0],c[:,1],s=80,marker='^',c='yellow');
plt.show()
```

執行上面的程式，輸出生成的樣本分佈的散點圖如圖 6.3 所示。這些資料點就是用 make_blobs 函數採樣後得到的點，採樣總數為 1000 個樣本點，特徵為二維，中心為我們設定的中心點，中心點存放在 n_centers 陣列中。從圖中可以看到，生成的採樣點是圍繞中心點（圖中黃色的三角形）而散佈開來的。

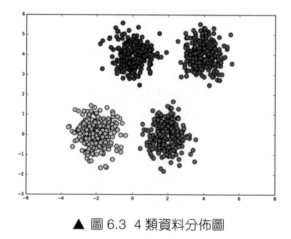

▲ 圖 6.3 4 類資料分佈圖

然後，用生成的樣本點對模型進行訓練，使用 scikit-learn 提供的
KNeighborsClassifier 類別，我們將 *k* 值設定為 5，具體程式如下：

```
model = KNeighborsClassifier(n_neighbors=5, weights='uniform',
algorithm='auto', leaf_size=30, p=2)
model.fit(X,y_true)
```

假設一個新的資料點 (0, 1.5) 為待分類的資料，需要用 k 近鄰演算法預測
它所屬的類別，由於 *k*=5，故需要透過相鄰的 5 個點對該新樣本點的分
類進行投票確定，最後畫出新樣本點的具體位置和最相鄰的 5 個點的分
佈，具體程式如下：

```
# 新的資料點座標
new_point = [[0,1.5]]
# 使用上面訓練好的k近鄰模型進行預測
result = model.predict(new_point)
# 計算該新資料點距離最近的k個鄰居
neighbors = model.kneighbors(new_point, return_distance=False)
# 將其位置分佈畫出來
plt.figure(figsize=(10,7),dpi=100)
c = np.array(n_centers)
plt.scatter(X[:,0],X[:,1],c=y_true,s=80,cmap='cool');
plt.scatter(c[:,0],c[:,1],s=80,marker='^',c='yellow');
plt.scatter(new_point[0][0], new_point[0][1], marker="*", c='black', s=200,
cmap='cool')
for i in neighbors[0]:
    plt.plot([X[i][0], new_point[0][0]], [X[i][1], new_point[0][1]],
            'k--', linewidth=0.8)          #預測點與距離最近的5個樣本的連線
plt.show()
```

輸出結果如圖 6.4 所示，可以看到新的樣本點（星星位置）的分類預測結
果為左下角（湖藍色，請自行執行結果驗證）那類，因為最相鄰的 5 個

點中有 3 個點屬於此類別。因此，在此例子中，由於 k=5 並且已知分類的樣本點的分佈如圖 6.4 所示，故透過 k 近鄰演算法的預測得出，待分類的資料點 (0, 1.5) 應該屬於湖藍色這個類別。

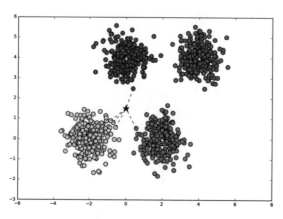

▲ 圖 6.4　待分類點與 4 類資料點的位置分佈圖

6.3 用 k 近鄰演算法對鳶尾花進行分類

【例 6.2】使用 scikit-learn 工具套件中的模組，實現用 k 近鄰模型處理不同品種的花的分類問題。

本例子使用 scikit-learn 中 datasets 提供的鳶尾花資料集 Iris，sklearn.datasets.load_iris 中提供了 3 類不同花種的資料，每個類別有 50 筆資料，3 類資料共 150 筆，每筆資料有 4 個屬性，即有 4 個特徵，可以使用 feature_names 查看，這 4 個特徵分別是：

■ sepal length (cm)：花的萼片長度，單位是公分。

- sepal width (cm)：花的萼片寬度，單位是公分。
- petal length (cm)：花瓣長度，單位是公分。
- petal width (cm)：花瓣寬度，單位是公分。

除了查看特徵外，也可以透過 target_names 查看類別，這 150 筆資料共分為 3 個類別的花種，分別是 setosa、versicolor 和 virginica。由此可知，每筆資料都提供了這種花的特徵，不同的特徵值分別組成了這 3 種花的特點。下面用程式實現用 *k* 近鄰模型處理分類問題。

6.3.1 匯入資料集

首先匯入需要用的函數，比如提供資料集的 load_iris 函數和 k 近鄰模型 KNeighborsClassifier 類別。

```
# -*- coding: utf-8 -*-
# 匯入需要使用的類別和函數
from sklearn.datasets import load_iris
from sklearn.neighbors import KNeighborsClassifier
from sklearn.model_selection import train_test_split
# 匯入資料集
load_data = load_iris()
X = load_data.data
y = load_data.target
```

然後查看資料集的大小、包含的屬性等。

```
print('X.shape:',X.shape)
print('Y.shape:',y.shape)
print('feature_names:',load_data.feature_names)
print('target_names:',load_data.target_names)
```

輸出結果如下，可以看出總共有 150 筆資料，每筆資料有 4 個特徵值，共有 3 個類別的花名，每筆資料屬於其中的類別，輸出結果包含 4 個特徵的名稱和 3 個類別的花名。

```
X.shape: (150, 4)
Y.shape: (150,)
feature_names: ['sepal length (cm)', 'sepal width (cm)', 'petal length
(cm)', 'petal width (cm)']
target_names: ['setosa' 'versicolor' 'virginica']
```

可以查看前 4 筆資料的特徵值，只需下面一行程式輸出即可：

```
print(X[:4,:])
```

輸出結果如下：

```
[[ 5.1  3.5  1.4  0.2]
 [ 4.9  3.   1.4  0.2]
 [ 4.7  3.2  1.3  0.2]
 [ 4.6  3.1  1.5  0.2]]
```

6.3.2 模型訓練

下一步是拆分資料集，使用 scikit-learn 中提供的 train_test_split 函數，將所有資料集分為 70% 訓練集和 30% 測試集。然後使用訓練集中的資料對 k 近鄰模型進行訓練，使用測試集中的資料來評估模型的好壞。

```
# 分割資料集
X_train, X_test, y_train, y_test = train_test_split(X,y,test_size=0.3,
random_state=20,shuffle=True)
# 輸出分割後的訓練集、測試集的大小
print('X_train.shape:',X_train.shape)
print('X_test.shape:',X_test.shape)
```

執行上面的程式,輸出結果如下:

```
X_train.shape: (105, 4)
X_test.shape: (45, 4)
```

接下來,我們使用 KNeighborsClassifier 類別來生成 k 近鄰模型,設定模型的參數 k=5,表示 k 近鄰模型的參數 k 為 5;同時設定參數 p=2,表示距離計算公式使用歐氏距離 L_2。然後透過程式 model.fit(X_train,y_train) 將訓練集輸入模型中進行訓練,這行程式執行結束表明模型已經訓練完成,可以對新資料進行預測了。最後透過 model.score 函數可以計算模型的得分(準確率的計算方法是:正確分類的數目 / 共有多少筆資料)。

```
# 生成k近鄰模型
model = KNeighborsClassifier(n_neighbors=5, weights='uniform',
algorithm='auto', leaf_size=30, p=2)
# 訓練模型
model.fit(X_train,y_train)
# 看看模型在訓練集、測試集上的預測準確率
knn_train_score = model.score(X_train,y_train)
knn_test_score = model.score(X_test,y_test)
print('knn_train_score:',knn_train_score)
print('knn_test_score:',knn_test_score)
```

執行上面的程式,輸出結果如下:

```
knn_train_score: 0.980952380952
knn_test_score: 0.955555555556
```

從結果可以看到,此模型在訓練集上的準確率高於 98%,在測試集上的準確率高於 95%。

下一步可以使用 model.predict 函數來預測新資料的 y 值。下面我們對測試集中的資料的類別進行預測,然後輸出預測結果,同時也輸出測試資

料的真實類別，可以對比看看預測結果與真實類別是否一致，有哪些預測錯誤。具體程式如下：

```
print(model.predict(X_test))
print(y_test)
```

上面兩行程式的輸出結果如下：

```
[0 1 1 2 1 1 2 0 2 0 2 1 2 0 0 2 0 1 2 1 1 2 2 0 2 1 1 0 2 2 1 1 0 0 0 1 1
 0 1 2 1 2 0 1 1]
[0 1 1 2 1 1 2 0 2 0 2 1 2 0 0 2 0 1 2 1 1 2 2 0 1 1 1 0 2 2 1 1 0 0 0 2 1
 0 1 2 1 2 0 1 1]
```

可以看到預測值和真實值大部分都一樣，但是其中有兩筆資料分類錯誤了，其他都是正確的。因此透過計算正確分類的數目 / 共有多少筆資料，可得到模型的分類準確率是 95.56%。

此外，我們可以考慮修改 knn 模型的參數，重新訓練模型，可以進一步最佳化模型的準確率。透過修改不同的 k 值訓練後得到結果，可以選出最適合的 k 值大小。另外，距離度量一般選擇歐氏距離，也就是 $p=2$ 不用變動，weights 參數用於設定距離最近的 k 個點的權重大小，上面我們設定 weights='uniform'，表示 k 個點的權重都一樣，現在我們換一下，使距離越近權重越大，距離與權重呈反比來進行分類投票，只需使 weights='distance' 即可。程式如下：

```
model2 = KNeighborsClassifier(n_neighbors=7, weights='distance',
algorithm='auto', leaf_size=30, p=2)
model2.fit(X_train,y_train)
print('knn_train_score2:',model2.score(X_train,y_train))
print('knn_test_score2:',model2.score(X_test,y_test))
```

更改參數，重新訓練 knn 模型並計算得分，結果如下：

```
knn_train_score2: 1.0
knn_test_score2: 0.977777777778
```

可以看到，*k*=7，並且要求鄰居的距離加權，要求距離與權重呈反比來進行分類投票。在這個例子中，這樣改進 k 近鄰演算法能得到更高的準確率。至於這個是否為最佳參數組合，可以進行更多的嘗試，然後選出最佳的參數。由於這個例子中的資料集還不夠大，若資料集樣本數很大，則可能更改參數以後會有較大的變化。

6.4 用 *k* 近鄰演算法進行回歸擬合

k 近鄰演算法除了能處理分類問題外，還能處理回歸問題。同樣的原理，對一個待預測 *y* 值的樣本點，先找到與它最近鄰的 *k* 個點，求這 *k* 個點對應的 *y* 值的平均值就是新樣本點的預測值 *y**。下面用 scikit-learn 來演示一下具體效果。

【例 6.3】用 *k* 近鄰演算法在餘弦曲線的基礎上進行回歸擬合。

首先匯入相關的套件，生成訓練集的樣本點，這裡我們使用 cos() 函數來模擬效果，因此先在 0~7 範圍內隨機採樣 60 個點，然後求它們對應的 cos 值。另外，為了訓練效果更好一些，對 y 值加上一些雜訊（隨機值），具體程式如下：

```
import matplotlib.pyplot as plt
import numpy as np
#生成訓練集樣本點
```

```
n_dots = 60
X = 7 * np.random.rand(n_dots, 1)
y = np.cos(X).ravel()
print(X.shape,y.shape)
#對y增加一些雜訊,使得訓練結果更好一些
y += 0.15 * np.random.rand(n_dots) -0.01
```

下一步,設定 k 值為 5,使用 scikit-learn 中的 KNeighborsRegressor 實現 k 近鄰演算法的回歸模型。

```
from sklearn.neighbors import KNeighborsRegressor
k = 5
# 生成k近鄰模型
model = KNeighborsRegressor(k)
# 訓練模型
model.fit(X, y)
```

然後生成測試樣本,因為上一步已經把模型訓練為了查看模型預測的效果,我們使用 NumPy 中的 linspace() 函數生成測試樣本點,為了方便,我們同樣在 0~7 的範圍內隨機採樣 600 個點,透過訓練好的模型計算出預測值並保存在 y_predict 中。計算的方式同樣是獲取樣本點 x 所在位置附近的 k 個點的值的平均值。具體程式如下:

```
#生成測試樣本
X_test = np.linspace(0, 7, 600)[:, np.newaxis]
y_predict = model.predict(X_test)
model.score(X, y)
```

由於模型已經訓練我們可用已知的訓練集 X、y 的值來測試一下模型的得分,透過 model.score() 函數計算得出模型的得分為:

```
0.99272999703201259
```

下一步畫出曲線，可以透過 matplotlib.pyplot 中的函數實現，其中 scatter() 函數畫出散點圖，plot() 函數畫出曲線圖，具體程式如下：

```
plt.figure(figsize=(16,10))
plt.scatter(X, y, c='r', label='train_data', s=120)
plt.plot(X_test, y_predict, c='k', label='test_data', lw=4)
plt.axis('tight')
plt.title("KNeighborsRegressor (k=%i)" % k)
plt.show()
```

在 Matplotlib 官網中，可以查到 scatter() 函數的詳細描述：

```
matplotlib.pyplot.scatter(x, y, s=None, c=None, marker=None, cmap=None, no
rm=None, vmin=None, vmax=None, alpha=None, linewidths=None, *,
edgecolors=None,
 plotnonfinite=False, data=None, **kwargs)
```

在上面演示的程式中，scatter() 函數前兩個參數值代表了資料點的座標值，這裡 X、y 都是一維陣列，故它們可以組成二維平面上的點，參數 c='r'（'c' 表示 'color'，'r' 表示 'red'）表示使用紅色作為散點的顏色，參數 s=120（'s' 表示 'size'）代表紅點的粗細。函數 plot() 也是同樣的道理，前兩個參數代表點的座標，參數 lw=4（'lw' 表示 'linewidth'）代表線的粗細程度。如果不知道各個值具體的含義，可以查看官網的 API 文件中該函數的說明，也可以透過改變該變數的值測試看看效果。執行上面的程式，輸出結果如圖 6.5 所示。

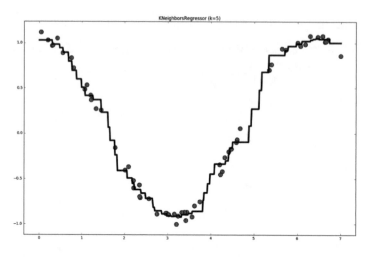

▲ 圖 6.5 k 近鄰模型（k=5）的回歸擬合結果圖

此外，如果改變模型的 k 值（令 k=9），會有怎麼樣的變化呢？

下面測試一下，只需要改變模型參數，然後重新訓練模型，對測試集進行回歸擬合，最後畫出效果圖。具體程式如下：

```
from sklearn.neighbors import KNeighborsRegressor
k2 = 9
model = KNeighborsRegressor(k2)
model.fit(X, y)
y_predict2 = model.predict(X_test)
#畫出曲線
plt.figure(figsize=(16,10))
plt.scatter(X, y, c='r', label='train_data', s=120)
plt.plot(X_test, y_predict2, c='k', label='test_data', lw=4)
plt.axis('tight')
plt.title("KNeighborsRegressor (k=%i)" % k2)
plt.show()
```

當將 k 設定為 9 時，輸出結果如圖 6.6 所示。

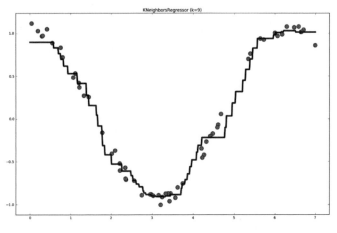

▲ 圖 6.6 k 近鄰模型（k=9）的回歸擬合結果圖

對比圖 6.5 和圖 6.6，可以看到擬合曲線稍微有些變化，但是大致的走向和曲線的變化趨勢相同。這也表明 k 近鄰演算法能夠用於處理回歸擬合類的問題，並且也能取得較好的預測效果。

6.5　本章小結

k 近鄰演算法是機器學習中基礎的演算法之一，它的原理很簡單，也能取得較好的準確率。本章透過 k 近鄰演算法處理分類和回歸問題，介紹了 k 近鄰演算法的原理、分類問題的 k 近鄰演算法模型、距離度量的幾種方法，以及在處理回歸問題中的應用等。同時，也討論了 k 近鄰演算法的優缺點和演算法的變種。在章節的後面部分使用 scikit-learn 工具套件中的資料集和 KNeighborsClassifier、KNeighborsRegressor 類別，透過具體的

案例演示了 k 近鄰演算法如何處理分類預測和回歸擬合的問題。在程式
演示過程中出現了很多函數和參數的設定，具體可到 scikit-learn 官網中
查看 API，詳細地了解各個函數的應用，也可以在執行程式的過程中，透
過改變各個參數的值測試一下效果，以加深對模型的理解。

6.6 複習題

（1） k 近鄰演算法的原理是什麼？它有什麼特點？

（2） 建構一個 k 近鄰模型的具體步驟有哪些？

（3） k 近鄰演算法中距離度量的方法有哪些？請列出其計算公式。

（4） k 近鄰演算法的優缺點分別是什麼？

（5） 可以從哪些方面改進 k 近鄰演算法？演算法的變種有哪幾類？

（6） k 近鄰演算法如何處理分類問題？

（7） k 近鄰演算法如何處理回歸問題？與處理分類問題時有區別嗎？如果
有，區別在哪裡？

Chapter

07

從簡單線性回歸到
多元線性回歸

在第 5 章已經介紹了簡單線性回歸模型,本章將進一步介紹多元線性回歸模型。由於現實世界的資料集往往包含多個屬性值,因此需要多變數的線性回歸函數才能更進一步地擬合資料集。多元線性回歸模型試圖獲得一個透過多個參數的線性組合來進行預測的函數。與簡單線性回歸模型一樣,多元線性回歸模型也是期望透過訓練集學習得到最佳的模型參數,從而使得模型能夠在測試集上有更好的表現。本章不僅會介紹多元線性回歸模型,而且還會闡述模型最佳化方面的內容,包括資料歸一化處理、欠擬合和過擬合及其解決辦法、正則化、線性回歸與多項式等。最後透過預測波士頓房價的案例完整展現如何在 scikit-learn 中實現多元線性回歸模型並對模型進行最佳化等內容。

本章內容分為以下幾個部分:

- 介紹多元線性回歸模型。
- 用向量形式表示預測函數和損失函數。

- 介紹資料歸一化的優點、適用場景及計算方法。
- 討論欠擬合和過擬合問題及其解決方法。
- 介紹正則化的概念和用途。
- 介紹在 scikit-learn 中如何用管道將線性回歸與多項式結合。
- 介紹查準率、召回率的概念和計算方法。
- 用 scikit-learn 實現多元線性回歸模型並預測波士頓房價。

7.1 多變數的線性模型

7.1.1 簡單線性回歸模型

第 5 章我們討論了簡單線性回歸模型，它的預測函數如下：

$$h_\theta(x) = \theta_0 + \theta_1 x \qquad （公式 7.1）$$

其中，θ_0、θ_1 為待確定的參數，此預測函數的特性規定了無論參數 θ_0、θ_1 值為多少，最後模型都是一條直線，而且要求資料集只能包含一個特徵，故此簡單模型的擬合能力是非常有限的。在現實案例中，資料集一般都包含很多特徵值，此時需要使用多元線性回歸模型來進行擬合。

7.1.2 多元線性回歸模型的預測函數

由於現實案例中的資料常常具有多個特徵，為了方便起見，資料一般採用矩陣形式表示。比如資料集 X.shape()=(5000,20)，表示有 5000 筆資料，每筆資料有 20 個特徵值。

多變數線性迴歸模型的預測函數為：

$$h_\theta(x) = \theta_0 + \theta_1 x_1 + \theta_2 x_2 + \cdots + \theta_n x_n \qquad （公式 7.2）$$

我們設 x_0 為 1，則預測函數可以表示為：

$$h_\theta(x) = \sum_{i=0}^{n} \theta_j x_j \qquad （公式 7.3）$$

其中，$\theta_0, \theta_1, \theta_2, \cdots, \theta_n$ 統稱為 θ，是預測函數的參數。我們的目標就是找到最佳的參數組合 θ，使得預測函數 $h_\theta(x)$ 能最好地擬合給定的資料集 X 和結果集 Y。

7.1.3 向量形式的預測函數

可以用向量的形式表示預測函數：

$$h_\theta(x) = [\theta_0 \quad \theta_1 \quad \cdots \quad \theta_n] \begin{bmatrix} x_0 \\ x_1 \\ \vdots \\ x_n \end{bmatrix} = \theta^\mathsf{T} x \qquad （公式 7.4）$$

上述式子中 $x_0=1$，它也被稱為偏置項（Bias）。在機器進行計算時，一般都採用矩陣的形式進行運算，這樣能提高計算效率。比如普遍用於機器學習的 NumPy 函數庫，就是採用矩陣的形式進行計算的。

此外，輸入的資料集也常用矩陣來表示，比如輸入 m 個樣本資料，記為：$x^1, x^2, x^3, \cdots, x^m$，每個樣本 x^i 有 n 個屬性值，記為：$x^i_1, x^i_2, x^i_3, \cdots, x^n_1$，也代表每筆資料有 n 個特徵。由於用向量和矩陣的形式來表示和運算最為方便，因此，當資料集中有 m 筆資料且每筆資料有 n 個屬性時，用矩陣的形式表示資料集 X、參數集 θ 為：

$$X = \begin{bmatrix} x_0^{(1)} & x_1^{(1)} & x_2^{(1)} & \cdots & x_n^{(1)} \\ x_0^{(2)} & x_1^{(2)} & x_2^{(2)} & \cdots & x_n^{(2)} \\ \vdots & \vdots & \vdots & \ddots & \vdots \\ x_0^{(m)} & x_1^{(m)} & x_2^{(m)} & \cdots & x_n^{(m)} \end{bmatrix}, \theta = \begin{bmatrix} \theta_0 \\ \theta_1 \\ \theta_2 \\ \vdots \\ \theta_n \end{bmatrix} \qquad （公式 7.5）$$

為方便表示，其中 $x_0^i=1$。所以資料集 X 為 $m*(n+1)$ 維的矩陣，參數 θ 為 $(n+1)*1$ 維的矩陣。故預測函數可以簡寫為：

$$h_\theta(x) = X\theta \qquad （公式 7.6）$$

從這個簡潔的形式中可以看出矩陣表示的優勢。在 scikit-learn 中就是使用矩陣的形式來表示資料集 X，故可以用矩陣的方式運算，從而提高計算效率。

7.1.4 向量形式的損失函數

多元線性回歸模型的損失函數為：

$$L_\theta(x) = \frac{1}{2m} \sum_{i=1}^{m} (h_\theta(x^{(i)}) - y^{(i)})^2 \qquad （公式 7.7）$$

公式 7.7 與簡單線性回歸模型的損失函數類似，其中 θ 為 $(n+1)*1$ 維的矩陣，可以將公式 7.6 代入公式 7.7 中，得到：

$$L_\theta(x) = \frac{1}{2m} (X\theta - \bar{y})^{\mathrm{T}} (X\theta - \bar{y}) \qquad （公式 7.8）$$

其中，X 表示 $m*(n+1)$ 維的矩陣，上標 T 表示轉置矩陣，$\bar{y}$ 為結果集向量。利用矩陣運算的規則，可以高效率地計算出在參數 θ 下的模型的擬合成本。

7.1.5 梯度下降演算法

根據第 5 章關於梯度下降演算法的描述，可知對多元線性回歸模型應用梯度下降更新參數 θ 的公式為：

$$\theta_j = \theta_j - \eta \frac{\partial L_\theta(x)}{\partial \theta_j} \qquad （公式 7.9）$$

將公式 7.7 代入公式 7.9 並化簡後可得：

$$\theta_j = \theta_j - \frac{\eta}{m} \sum_{i=1}^{m} \left(\left(h_\theta\left(x^{(i)}\right) - y^{(i)} \right) x_j^{(i)} \right) \qquad （公式 7.10）$$

讀者可以對比一下，其實單變數線性回歸演算法的參數迭代公式和多變數線性回歸演算法的參數迭代公式是一模一樣的，唯一的區別是 $x_0^{(i)}$ 為常數 1，在單變數線性回歸公式中省略了。

7.2 模型的最佳化

7.2.1 資料歸一化

資料歸一化操作一般在資料前置處理階段進行。通常不同的評價指標具有不同的量綱和量綱單位，比如房子的價格，資料範圍為 100000~1000000，而房子的房間數，資料範圍為 1~100，可以看到房子的這兩個屬性的數量級有很大差異，這樣容易影響資料分析的結果。因此，需要對資料進行歸一化處理。

資料歸一化處理的方法有兩種：min-max 標準化和 Z-score 標準化。

min-max 標準化也稱為離差標準化。此方法先對原始資料進行線性變換，再將其轉化到 [0-1]。轉換函數為：

$$x^* = \frac{x - \min}{\max - \min} \qquad （公式 7.11）$$

其中，min 表示該屬性樣本資料中的最小值，max 表示該屬性樣本資料中的最大值。此方法的缺點是：當有一批新的資料加進來，使得它的最大值和最小值改變時，需要重新定義。

Z-score 標準化透過先計算該屬性樣本資料的平均值和標準差，然後對資料進行標準化處理，使得經過處理後的資料符合標準正態分佈（平均值為 0，標準差為 1）。轉化函數為：

$$x^* = \frac{x - \mu}{\sigma} \qquad （公式 7.12）$$

其中，μ，σ 分別為該屬性樣本資料的平均值和標準差。

透過對原始資料進行歸一化或標準化後，使得不同屬性的設定值範圍相差不大，從而可以提高模型訓練的速度。假如我們不先對資料做歸一化操作，而直接用梯度下降演算法更新參數，可能要花費更多時間模型才能收斂。下面用圖 7.1 和圖 7.2 來更加形象地對比說明，圖 7.1 是未做歸一化處理直接訓練模型的收斂路徑，圖 7.2 是做了資料歸一化後再訓練模型的收斂路徑。從這兩幅圖中可以看出，圖 7.1 是比較扁的等高線，模型訓練時參數更新的方向比較曲折，這是由於不同特徵 θ_1、θ_2 的量綱差異較大；而圖 7.2 對 θ_1、θ_2 先做了歸一化處理，所以它的量綱相差不大，等高線都接近正圓，故無論從哪個初始位置開始，到達模型最佳解的位置需要迭代的次數較少，模型收斂速度更快。

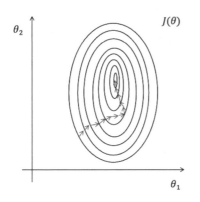 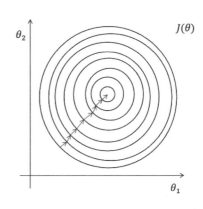

▲ 圖 7.1 未進行資料歸一化處理　　▲ 圖 7.2 已進行資料歸一化處理

對資料進行歸一化處理的優點除了提升模型收斂的速度以外，還有一個優點是提升模型的精確度。

如果不進行歸一化操作，那麼不同特徵的量綱和數量級可能存在較大差異。當各個特徵間的設定值範圍相差較大時，如果直接用原始值進行分析，就會突出數值較高的特徵在綜合分析中的作用，相對削弱數值水準較低的特徵的作用。因此，當不同屬性的量綱和數量級存在較大差異且不進行資料歸一化操作時，會使得某些屬性特別容易影響模型收斂的方向。

綜上所述，在資料集包含多個特徵且其量綱和數量級差別較大的情況下，對資料進行歸一化操作很有必要。這樣做不僅能提升模型的收斂速度，還能讓各個特徵對結果做出的貢獻相同，從而提升模型的精確度。

7.2.2　欠擬合和過擬合

當我們訓練一個模型時，無論迭代的次數和訓練時長如何增加，模型最終的效果都不理想，這很可能是出現了欠擬合或過擬合問題，也叫高偏差或高方差問題。欠擬合和過擬合現象在現實中是較為常見的問題。那麼，什麼是欠擬合，什麼是過擬合呢？下面用一個例子來形象地說明，如圖 7.3~ 圖 7.5 所示。

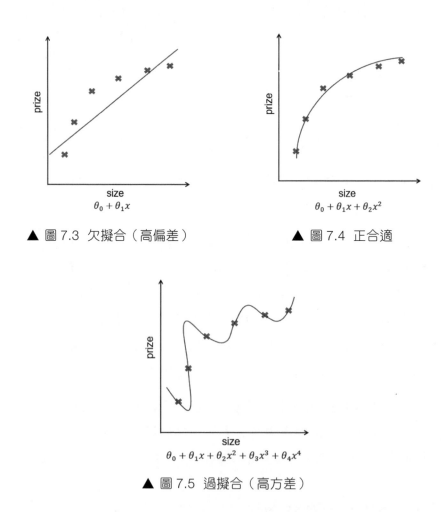

▲ 圖 7.3 欠擬合（高偏差）　　　　　▲ 圖 7.4 正合適

▲ 圖 7.5 過擬合（高方差）

從上面三幅圖可以看到，對同樣的資料集進行回歸擬合，不同模型擬合的最終結果會存在較大差異。一開始我們確定了擬合函數的運算式，它會對模型最終訓練出來的結果有一種約束作用。比如，圖 7.3 一開始假設擬合函數是線性的，那麼不管樣本資料的規律看起來是：隨著房子尺寸的增加，價格上升的趨勢逐漸平緩，而直接認為房子尺寸和價格是線性的關係，因此透過對樣本資料的訓練後得到一條上升的直線。

圖 7.3 的例子中，由於模型相對簡單，導致出現欠擬合的現象。當模型出現欠擬合問題時，無論增加訓練資料或增加訓練時長、迭代次數，都無法提高模型預測的準確率，訓練後模型依然是一條直線，無法極佳地描述資料集的規律，這就是欠擬合，也叫高偏差。解決欠擬合問題的方法有：①增加多項式，提高模型的複雜度；②建構新特徵，加入新的特徵也能提高模型的複雜度，從而改進欠擬合問題。

圖 7.4 是正合適的模型。由於從樣本資料的分佈可以看出，擬合函數應該屬於二次函數，故圖 7.4 中擬合函數 $h(x)=\theta_0+\theta_1 x+\theta_2 x^2$ 就剛剛好符合這個模型態資料的分佈規律。

在圖 7.5 中可以看到，當模型的擬合函數太過複雜時，就會出現過擬合的現象。如圖 7.5 所示，這個模型雖然極佳地擬合了訓練集的資料，使得曲線經過每一個樣本點，但是它為了精準地擬合所有的點，故最終獲得了一個非常扭曲且複雜的曲線。這樣的模型往往沒有很強的泛化能力，也就是在測試集上的表現非常差，預測的準確率較低。過擬合的模型通常表現為：在訓練集上能得到非常好的準確率，但在測試集上準確率非常低。過擬合問題也叫高方差問題，造成模型過擬合的原因一般是：資料集有較多特徵但樣本數不夠大，導致沒有足夠的資料可供此複雜模型來訓練。故解決過擬合問題的方法是人工挑選一些重要的特徵留下，某些不太重要的特徵就捨棄了，這樣做會減少模型的複雜度，此時不需要太多資料就足夠訓練模型。

在模型訓練過程中，欠擬合或過擬合問題很容易發生，如何正確辨識出模型是否出現欠擬合或過擬合現象非常重要。只有正確地辨識出問題出在哪裡，才能採取恰當的措施改進，從而訓練出一個好模型。

透過前面章節的介紹，我們知道在訓練模型之前，一般先對資料集進行分割，可以將資料集分為訓練集和測試集兩類，也可以將其分為訓練集、交叉驗證集和測試集三類，一般資料集較大時，分為三類最合適。對資料集分割後，將訓練集用於訓練模型，交叉驗證集用於測試模型並進行最佳化等操作後，最後用測試集測試模型的泛化能力。通常驗證集和測試集的準確率是近似的，在驗證集上模型表現不好，那麼在測試集上也會獲得較低的準確率。下面我們用 $J_{train}(\theta)$、$J_{cv}(\theta)$、$J_{test}(\theta)$ 分別表示：在訓練集上模型的代價函數值、在交叉驗證集上的代價函數值以及在測試集上的代價函數值，記模型的預測函數中多項式的階數為 d（比如，圖 7.4 中 $d=2$，圖 7.5 中 $d=4$）。

那麼，隨著多項式階數 d 的增加，模型與欠擬合、過擬合有怎樣的關係變化呢？可以看一下圖 7.6 所示的曲線。

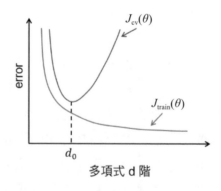

▲ 圖 7.6 多項式階數與 $J_{train}(\theta)$ 和 $J_{cv}(\theta)$ 的關係

從圖 7.6 中可以看到，在多項式階數 d 較小（小於 d_0）的情況下，$J_{train}(\theta)$ 和 $J_{cv}(\theta)$ 都比較高，此時就是因為模型太過簡單而導致的欠擬合現象；隨著多項式階數 d 的增加（即模型複雜度的增加），$J_{train}(\theta)$ 和 $J_{cv}(\theta)$ 逐漸減小；在多項式階數 d 較大（大於 $d0$）時，$J_{train}(\theta)$ 繼續下降，而 $J_{cv}(\theta)$ 呈上升趨勢。當模型的複雜度過高時，可以看到 $J_{train}(\theta)$ 的下降速度趨於平穩，而 $J_{cv}(\theta)$ 呈快速增長趨勢，此時 $J_{cv}(\theta)$ 遠大於 $J_{train}(\theta)$，這就是模型過擬合。因此，可以看到，若多項式階數為 $d0$，此時模型的複雜度正好，訓練後模型在驗證集和測試集上都能取得較好的表現。

從前面的介紹中，我們知道模型太過簡單容易導致欠擬合（高偏差）問題，那麼透過收集更多資料，並增加訓練集樣本數是否能解決欠擬合問題呢？答案是否定的。

具體如圖 7.7 所示，當訓練集樣本數很少時，模型很容易就能非常好地擬合訓練集的資料，故此時 $J_{train}(\theta)$ 非常小，而用這麼小的訓練集訓練的簡單模型的泛化能力是很差的，故 $J_{cv}(\theta)$ 很大；但隨著訓練集樣本數的增加，$J_{train}(\theta)$ 會逐漸上升且 $J_{cv}(\theta)$ 會逐漸下降，直到兩者逐漸接近且趨於平穩，後面訓練集樣本數再增加時，$J_{train}(\theta)$ 和 $J_{cv}(\theta)$ 都基本不變，但 $J_{train}(\theta)$ 和 $J_{cv}(\theta)$ 和的值都較高，此時就是模型還處於欠擬合（高偏差）狀態。因此，我們可以看到，當模型欠擬合時，透過收集更多的資料是不能解決問題的，應該透過增加多項式或建構新特徵等方式來增加模型的複雜度，才能解決欠擬合問題。因此，正確辨識出欠擬合現象能有效節省時間，不會浪費太多時間在收集更多的資料上，從而採取其他有效的方法。

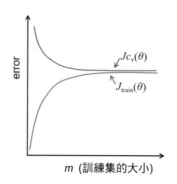

▲ 圖 7.7 欠擬合模型的 $J_{train}(\theta)$ 和 $J_{cv}(\theta)$ 與訓練集樣本數大小的關係

當模型太過複雜、出現過擬合（高方差）現象時，透過收集更多資料，增加訓練集樣本數是否能解決過擬合問題呢？答案是肯定的。具體如圖7.8 所示，當訓練集樣本數較少時，由於模型過於複雜，故它能透過多次迭代後完美地擬合訓練集，因此 $J_{train}(\theta)$ 很小，而此時由於模型曲線太過扭曲和複雜（可參考圖 7.5），導致它的泛化能力很差，故此時 $J_{cv}(\theta)$ 很大；隨著訓練集樣本數的增加，$J_{train}(\theta)$ 呈緩慢的上升趨勢，但是模型依然能夠透過多次迭代後極佳地擬合訓練集，故 $J_{train}(\theta)$ 相對來說還是較小。而在一開始訓練樣本數較少時，$J_{cv}(\theta)$ 非常大，並隨著訓練資料樣本數的增加而有所降低，但是模型依然過擬合，模型的泛化能力還是比較差，故 $J_{cv}(\theta)$ 相對來說還是較大。此時 $J_{train}(\theta)$ 和 $J_{cv}(\theta)$ 之間存在一個間隔（gap），$J_{cv}(\theta)$ 大於 $J_{train}(\theta)$，模型處於過擬合狀態。

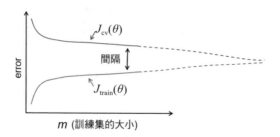

▲ 圖 7.8 過擬合模型的 $J_{train}(\theta)$ 和 $J_{cv}(\theta)$ 與訓練集樣本數大小的關係

因此，過擬合模型的特點包括：①模型能很好甚至完美地擬合訓練集的資料，使得它在訓練集上的預測值與真實值非常接近，即 $J_{train}(\theta)$ 較小；②由於此時模型泛化能力很差，故用驗證集測試時會發現，$J_{cv}(\theta)$ 遠大於 $J_{train}(\theta)$，$J_{train}(\theta)$ 和 $J_{cv}(\theta)$ 之間存在明顯的間隔。

從圖 7.8 中不難發現，當不斷增加資料集樣本數時，$J_{train}(\theta)$ 和 $J_{cv}(\theta)$ 之間存在的間隔逐漸縮小並消失，此時 $J_{cv}(\theta)$ 接近 $J_{train}(\theta)$ 且都趨於平穩，同時 $J_{train}(\theta)$ 和 $J_{cv}(\theta)$ 的值都較小，此時模型不過擬合，也不欠擬合，處於剛剛好的狀態，模型具有最好的泛化能力。

因此，增加訓練集資料量是解決過擬合問題的有效方法。透過增加訓練資料，$J_{train}(\theta)$ 會繼續上升，而 $J_{cv}(\theta)$ 會繼續下降，它們之間的間隔會逐步縮小，從而解決過擬合問題。綜上所述，如果出現過擬合，透過收集更多的資料能有效解決問題。但對於欠擬合問題，收集再多的資料也沒用，模型預測的準確率依然很低。因此，正確辨識出模型是出現欠擬合還是過擬合問題非常重要，只有正確辨識出問題所在，才能快速找到合適的辦法解決它。

當判斷出模型出現欠擬合或過擬合問題時，下一步是採取正確的方法解決它。下面介紹解決欠擬合或過擬合問題的常見措施。

當模型出現欠擬合問題時，可以採取的有效解決辦法是：

（1） 嘗試找更多特徵。比如房子價格預測問題，在已知資料的多個特徵（尺寸面積、位置、房間數）的，嘗試再找出新的特徵（如房子層高），或透過已知的兩三個特徵建立出新特徵（如房子的體積就是透過層高和面積建構的新特徵）。

（2） 加入多項式，使模型更加複雜，如 x_1^2、x_2^2、$x_1 x_2$ 等。

（3） 減小正則多項式的參數的值。關於正則化會在下一節詳細介紹。

當模型出現過擬合問題時，可以採取的措施有：

（1） 收集更多的資料，這一點在前面的介紹中已經詳細講過。

（2） 減少特徵數量，從已知的特徵中挑選重要的特徵保留下來，把不重要的特徵剔除，從而使得模型變得簡單一些。

（3） 加大正則多項式的參數 λ 的值，用正則項約束模型的參數集 θ。

7.2.3 正則化

從上一節的介紹可知，過擬合是很常見的現象。當模型過於複雜且訓練集樣本數量不夠時，很容易導致過擬合。一般來說，收集的資料量越大，資料的屬性越多，對訓練出好的模型越有幫助。但由於我們能獲得的資料是有限的，若每筆資料的特徵很多，而資料整體樣本數較少，則用這些資料集訓練模型很容易導致過擬合。這是因為特徵越多模型就越複雜，需要的訓練集就越大，而當這些資料量不夠訓練一個複雜的模型時，就會出現過擬合問題，正則化就是解決過擬合問題最常用的方法之一。早期有學者透過大量實驗發現，正則化技術確實能夠解決過擬合問題。

那麼，什麼是正則化呢？從淺顯直觀的角度來理解，正則化就是透過在損失函數後面加上正則項，讓正則項對參數 $\theta_1, \theta_2, \cdots, \theta_n$ 造成約束的作用，它要求這些參數的值盡可能接近 0。透過這樣約束的模型訓練後，能使一些不太重要的特徵對應的參數 θ 非常小，即不太重要的特徵權重佔比較小，而重要特徵的權重佔比較大。這樣不僅能保留下重要的特徵，而且也不用完全捨棄掉那些不太重要的特徵。因為任何特徵都有它的用處，特徵越多，對模型預測的準確率就越有幫助。透過正則化方式處理過擬合問題，能避免人工選擇保留某些特徵、捨棄某些特徵，而讓所有特徵都發揮作用。由於正則項的約束弱化了一些不重要特徵的權重且沒有完全捨棄這些特徵，故它不僅能解決過擬合的問題，而且使得模型具有較強的泛化能力。

在多元線性回歸模型的損失函數後加上正則項的公式如下：

$$L_\theta(x) = \frac{1}{2m}\left[\sum_{i=1}^{m}(h_\theta(x^{(i)}) - y^{(i)})^2 + \lambda\sum_{j=1}^{n}\theta_j^2\right] \qquad （公式 7.13）$$

其中，正則項為：

$$\lambda\sum_{j=1}^{n}\theta_j^2 \qquad （公式 7.14）$$

從公式 7.13 可看出，若損失函數 $L_\theta(x)$ 要取得最小值，那麼參數集 θ 需要同時滿足設定值很小並且 $(h_\theta(x^{(i)})-y^{(i)})^2$ 的值很小。如果存在很大的值 $\theta*$，它能使得預測值與真實值距離很小，即 $(h_{\theta*}(x^{(i)})-y^{(i)})^2$ 的值很小，但由於正則項約束了 θ 需要盡可能小甚至接近 0，故 $\theta*$ 不滿足條件。因此模型訓練下來，會找到同時滿足 θ 設定值相對小且能使預測值與真實值接近的 θ 作為模型的最終參數。由於正則項的約束，模型透過多次迭代收斂後，會學習到將不太重要的特徵對應的參數設定為非常小的值，而重要的特徵對應的參數設定為較大的值，這樣既能保留所有特徵都或多或少地發揮作用，同時也能減少模型的複雜度，從而避免過擬合的情況。

另外，由於正則項的參數 λ 是超參數，可以用交叉驗證集來調參，從而選擇最合適的 λ，使正則化發揮最大的作用。在訓練模型時，可以將 λ 設定為多個不同的設定值並分別訓練後，將訓練好的模型在驗證集上測試，看看哪個 λ 的設定值最為合適。然而，當模型過擬合時，只有選擇合適的 λ 才能解決過擬合問題，不合適的 λ 有可能使正則項發揮不出作用，甚至可能從過擬合變為欠擬合。

過擬合、欠擬合與參數的關係如圖 7.9 所示。

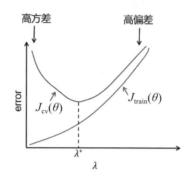

▲ 圖 7.9 正則化參數 λ 的大小與過擬合模型的關係圖

從圖 7.9 可知,當 λ 較小(接近 0)時,相當於正則化故障,模型依然很複雜,它能完美地擬合訓練集資料,故 $J_{train}(\theta)$ 很小,而 $J_{cv}(\theta)$ 很大,此時模型依然過擬合。隨著 λ 的增大,$J_{train}(\theta)$ 逐漸增大,$J_{cv}(\theta)$ 逐漸減小,當超過某個點(λ^*)後,$J_{cv}(\theta)$ 又重新回升。當 λ 很大時,表示正則項對於參數 θ 有非常大約束,正則化發揮很大作用,此時可能導致欠擬合,$J_{train}(\theta)$ 和 $J_{cv}(\theta)$ 都很大。故使用正則化方法解決模型過擬合問題的關鍵是選用合適的 λ。因此,我們需要透過設定不同的 λ 值畫出學習曲線,然後才能更進一步地確定 λ 的值。通常 λ 可以嘗試設定值為 0、0.01、0.02、0.04、0.08……,逐漸遞增到 10 等,可以嘗試多個值訓練,看看 λ 設定值為多少最合適。

如果 λ 的值越大,那麼對 θ 的要求就越嚴苛,要求 θ 設定值越小越好。假如 λ 為無限大,那麼需要 θ 的設定值無限接近於 0。反之,如果 λ 設定值越小,那麼對 θ 的約束就越寬鬆。假如 λ 設定值為 0,正則項就相當於故障了,就變成沒有正則化之前的模型。當然,正常來說 λ 不可能取無限大,也不會等於 0。

將公式 7.13 結合梯度下降演算法，可以得出每次迭代時參數 θ 的更新公式為：

$$\theta_j = \theta_j - \frac{\eta}{m}\left[\sum_{i=1}^{m}\left(\left(h_\theta\left(x^{(i)}\right) - y^{(i)}\right)x_j^{(i)}\right) + \lambda\theta_j \right] \qquad （公式 7.15）$$

將公式 7.15 化簡後可得：

$$\theta_j = \theta_j\left(1 - \eta\frac{\lambda}{m}\right) - \frac{\eta}{m}\sum_{i=1}^{m}\left(\left(h_\theta\left(x^{(i)}\right) - y^{(i)}\right)x_j^{(i)}\right) \qquad （公式 7.16）$$

從公式 7.16 中可知，θ_j 每次迭代都會比原來的值變小一點點，這是因為學習率 η 和正則化參數 λ 都為正數，且 m 是訓練集的樣本數量，故：

$$0 < 1 - \eta\frac{\lambda}{m} < 1$$

這就是為什麼 θ_j 會逐漸縮小的原因。

綜上所述，對於模型過擬合問題，有效的處理方式是降低模型的複雜性，故需要減少函數的特徵，而最簡單的方式就是讓特徵對應的權重參數為 0，使該特徵失去作用。但由於一開始我們也很難確定哪些特徵重要，哪些不重要，因此透過正則化方式在損失函數中加入正則項，要求每個 θ_j 儘量小，然後讓模型自己學習。在經過多次迭代後，模型會將不重要的特徵值所對應的參數設定為非常小甚至無限接近 0，以此達到降低模型複雜度，從而解決模型過擬合的問題。然而當 λ 值設定太大時，卻有可能過分約束 θ 而導致欠擬合，所以選擇合適的 λ 也很重要。

7.2.4 線性回歸與多項式

從前面的章節的介紹我們知道，當模型太簡單時容易出現欠擬合。對於欠擬合，我們可以透過增加多項式的方式解決它。比如可以將多個特徵結合，從而構造出一個新特徵，如有特徵 x_1 和特徵 x_2，可以增加兩個特徵的乘積作為新特徵 x_3（$x_3=x_1*x_2$），還可以將 x_1^2 作為另一個新特徵 x_4，將 x_2^2 作為新特徵 x_5。

在 scikit-learn 中，線性回歸是由類別 LinearRegression 實現的，而多項式是由類別 sklearn.preprocession.PolynomialFeatures 實現的。那麼，我們應該如何增加多項式特徵呢？此時就需要用一個管道把這兩個類別串聯起來，即用 sklearn.pipeline.Pipeline 把兩個模型串聯起來。

【例 7.1】撰寫函數，實現建立多項式的線性回歸擬合模型。

```
def polynomial_LinearRegression_model(degree=1):
    poly = PolynomialFeatures(degree=degree, include_bias=False)
    model = LinearRegression()
    #用一個管道將線性回歸模型和多項式串起來
    pipeline_model = Pipeline([("polynomial_features", poly)
,("linear_regression", model)])
    return pipeline_model
```

一個 Pipeline 可以包含多個處理節點，除了最後一個節點外，其他節點都是 transformer，即它們必須實現 fit() 和 transform() 方法，或實現 fit_transform() 方法，最後一個節點是 estimator，即此節點只需要實現 fit() 方法，可以沒有 transform() 方法。將訓練集資料登錄 Pipeline 中進行處理時，它會一個一個呼叫節點的 fit() 和 transform() 方法，直到最後一個節點的 fit() 方法為止，以此來擬合資料。管道的工作示意圖如圖 7.10 所示。

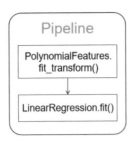

▲ 圖 7.10 Pipeline 工作示意圖

7.2.5 查準率和召回率

前面的章節中，我們評判模型的好壞都是用準確率和錯誤率作為判斷標準。但當正樣本和負樣本數量有很大差異（即偏斜類問題）時，如果僅用準確率和錯誤率來判定模型的好壞是不準確的。舉個例子，用邏輯回歸模型預測腫瘤為良性或惡性的二分類問題。已知訓練集中 0.5% 為正樣本（惡性腫瘤）、99.5% 為負樣本（良性腫瘤），假設我們用邏輯回歸訓練得到一個模型，它的準確率為 99%，錯誤率為 1%。但是如果我們用一個非學習得到的模型（即不管資料怎麼樣，都判斷為良性腫瘤），那麼此模型的準確率能達到 99.5%，錯誤率為 0.5%。單從數值來看，非學習得到的簡單模型（全都判定為良性腫瘤）反而獲得了更高的準確率，所以這種判定方法顯然是不合適的。對於偏斜類問題，更加適合判定模型好壞程度的方法是使用查準率（Precision）和召回率（Recall）。

下面繼續以前面提到的預測腫瘤為良性或惡性的二分類問題為例進行分析，可知模型預測後得到的結果有如表 7.1 所示的 4 種情況。

表 7.1 二分類預測值與真實值

預測值	真實值	
	1	0
1	true positive	false positive
0	false negative	true negative

從表 7.1 中可知，當真實值為 1（正樣本）且預測值為 1 時，分類正確（true positive）；當真實值為 0（負樣本）且預測值為 1 時，分類錯誤（false positive）；當真實值為 1 且預測值為 0 時，分類錯誤（false negative）；當真實值為 0 且預測值為 0 時，分類正確（true negative）。

在這個例子中，查準率指的是在模型預測那些腫瘤為惡性（y=1）的患者中，有多大比例的患者的腫瘤確實為惡性。從它的定義也可以看出，查準率越高越好。

查準率的計算公式為：

$$\frac{真實值為 1 且預測值為 1 的樣本數量}{預測值為 1 的樣本數量} = \frac{\text{true positive}}{\text{true positive}+\text{false positive}} \quad （公式 7.17）$$

至於召回率，它指的是在所有實際上腫瘤為惡性（y=1）的患者中，模型成功預測有惡性腫瘤病人的百分比。從它的定義可以看出，召回率也是越高越好。

召回率的計算公式為：

$$\frac{真實值為 1 且預測值為 1 的樣本數量}{預測值為 1 的樣本數量} = \frac{\text{true positive}}{\text{true positive}+\text{false nogative}} \quad （公式 7.18）$$

綜上所述，當一個模型擁有高查準率和高召回率時，我們可以判斷它是一個好模型。即使對於偏斜類樣本，查準率和召回率也能極佳地評估模型的好壞，而不會簡單地被全都判定為良性腫瘤的模型所欺騙。

7.3 用多元線性回歸模型預測波士頓房價

【例 7.2】本例用多元線性回歸模型預測波士頓房價,使用 scikit-learn 中提供的資料集對模型進行訓練和測試。

對於房價問題,影響它的因素有哪些呢?很多人可能一下就能想到很多,比如房子的位置、大小、朝向、交通等因素。而在 scikit-learn 提供的波士頓房價資料集中,它包含 13 個特徵,具體如下:

- CRIM:城鎮人均犯罪率。
- ZN:佔地面積超過 25000 平方英尺的住宅用地比例。
- INDUS:城鎮非零售用地的佔地比例。
- CHAS:查理斯河虛擬變數,如果邊界是河道,則為 1,否則為 0。
- NOX:一氧化氮濃度。
- RM:每間住宅的平均房間數。
- AGE:在 1940 年之前建造且房主自住的房屋比例。
- DIS:到波士頓 5 個中心區域的加權距離。
- RAD:徑向高速公路的可達性指數。
- TAX:每 10000 美金的全額財產稅率。
- PTRATIO:城鎮的學生和教師的比例。
- B:城鎮中黑人的比例。
- LSTAT:弱勢群眾人口所佔的比例。

這些資料是在 1993 年之前收集的,從這 13 個特徵可以看到,存在很多方面的因素會影響波士頓的房價,從中也可以看出中美在考慮房子價格方面的差異。下面我們要用這個資料集來訓練一個多元線性回歸模型。

7.3.1 匯入波士頓房價資料

由於需要使用 scikit-learn 中 datasets 提供的資料集，因此首先匯入需要的模組，比如提供資料集的 load_boston 函數和線性模型 LinearRegression 類別。

```
# -*- coding: utf-8 -*-
# 匯入需要的函數和類別
from sklearn.datasets import load_boston
from sklearn.linear_model import LinearRegression
from sklearn import model_selection
# 匯入資料集
load_data = load_boston()
X = load_data.data
y = load_data.target
```

可以查看一下資料集的維度以及資料集包含哪些特徵。

```
# 輸出資料集的維度
print(X.shape)
print(y.shape)
# 輸出資料集包含的特徵
print(load_data.feature_names)
# 輸出第一筆資料
print(X[0,:])
```

上面的程式輸出結果如下：

```
(506, 13)
(506,)
['CRIM' 'ZN' 'INDUS' 'CHAS' 'NOX' 'RM' 'AGE' 'DIS' 'RAD' 'TAX' 'PTRATIO'
 'B' 'LSTAT']
[  6.32000000e-03   1.80000000e+01   2.31000000e+00   0.00000000e+00
   5.38000000e-01   6.57500000e+00   6.52000000e+01   4.09000000e+00
   1.00000000e+00   2.96000000e+02   1.53000000e+01   3.96900000e+02
   4.98000000e+00]
```

可以看到總共有 506 筆資料，每筆資料有 13 個特徵值，這 13 個特徵代表的含義在前面已經介紹過了，它們是影響波士頓房價的因素。最後將第一筆資料輸出，可以看到部分特徵的量綱與其他特徵相比有些差別，如果模型訓練非常緩慢，可以考慮對資料做歸一化處理，從而提高模型訓練速度。在這裡我們直接使用原始資料集對模型進行訓練，看一下效果如何。

7.3.2 模型訓練

在對模型進行訓練時，首先使用 train_test_split 函數分割資料集，這裡取其中 70% 作為訓練集，剩下 30% 為測試集。然後使用訓練集中的資料訓練多元線性回歸模型，使用測試集的資料來測試一下模型預測的得分。

```
# 分割資料集
X_train,X_test,y_train,y_test = model_selection.train_test_split(X,y
,test_size=0.3,random_state=20,shuffle=True)
# 輸出分割後訓練集、測試集的維度
print('X_train.shape:',X_train.shape)
print('X_test.shape:',X_test.shape)
print('y_train.shape:',y_train.shape)
print('y_test.shape:',y_test.shape)
```

輸出結果如下：

```
X_train.shape: (354, 13)
X_test.shape: (152, 13)
y_train.shape: (354,)
y_test.shape: (152,)
```

下面我們用訓練集的資料訓練模型，執行程式 model.fit(X_train,y_train) 後，表明模型已經訓練完成。模型訓練完成後，可以對新資料進行預

測，只需使用 model.predict() 函數即可，還可以透過 model.score() 函數
計算模型的得分，具體程式如下：

```
# 生成線性迴歸模型
model = LinearRegression()
# 用訓練集的資料訓練模型
model.fit(X_train,y_train)
# 用訓練好的模型預測測試集中前兩筆資料的房價，與它們的真實值做對比輸出
y_predict = model.predict(X_test[:2,])
print('y_realValue:',y_predict)
print('y_realValue:',y_test[:2,])
# 計算模型在訓練集上的得分
trainData_score = model.score(X_train,y_train)
# 計算模型在測試集上的得分
testData_score = model.score(X_test,y_test)
# 將得分輸出
print('trainData_score:',trainData_score)
print('testData_score:',testData_score)
```

輸出結果如下：

```
y_realValue: [ 21.16311473  26.98465508]
y_realValue: [ 21.2  20.6]
trainData_score: 0.74764552138
testData_score: 0.702255464573
```

從上面的輸出結果可以看到，模型對兩筆資料進行預測，第一筆資料預
測值與真實值非常接近，但第二筆資料預測值與真實值還有些距離。模
型在訓練集上的得分為 74.8%，在測試集上的得分為 70.2%。

此外，也可以將訓練後的模型參數輸出（包括 weight 和 bias）：

```
# 輸出訓練後的多元線性迴歸模型的參數的值
print(model.coef_)
print(model.intercept_)
```

輸出結果如下：

```
[ -6.02657316e-02    2.80663680e-02    3.70104279e-02    2.10630404e+00
  -2.03541712e+01    4.59481492e+00    9.55299272e-03   -1.25530421e+00
   2.26872925e-01   -1.02420875e-02   -8.56099792e-01    9.44201291e-03
  -4.56515060e-01]
28.7014108552
```

讀者自己執行一下程式，可能會得到不一樣的結果，因為訓練集和測試
集是打亂順序的，所以訓練模型所用的訓練集資料可能有所不同，故訓
練後的最終參數可能會不同，但模型的得分應該是差不多的。我們知道
模型在測試集上得分為 70.2%，這並不是很好的結果，表明模型還會有最
佳化空間。同時，由於在訓練集上模型的得分也不高，這表明模型可能
會欠擬合，可以從增加模型的複雜性方面考慮最佳化的可能性。

7.3.3 模型最佳化

由上面的分析可知，模型很可能出現欠擬合問題，下一步需要對模型進
行最佳化，透過加入多項式的方式增加模型的複雜度，從而改善欠擬合
問題。在 scikit-learn 中，線性回歸是由類別 LinearRegression 實現的，
而多項式是由類別 PolynomialFeatures 實現的。此時我們需要透過管道
sklearn.pipeline.Pipeline 把它們串起來使用。具體程式如下：

```python
# 匯入相關類別和函數
from sklearn.preprocessing import PolynomialFeatures
from sklearn.pipeline import Pipeline
import time
# 撰寫函數，將線性回歸模型與多項式結合
def polynomial_LinearRegression_model(degree=1):
    poly = PolynomialFeatures(degree=degree, include_bias=False)
    model = LinearRegression(normalize=True)
```

```
#用一個管道將線性回歸模型和多項式串起來
pipeline_model = Pipeline([("polynomial_features", poly),("linear_
regression", model)])
    return pipeline_model
```

下一步，使用二階多項式來擬合資料。只需要將函數 polynomial_
LinearRegression_model() 的參數 degree 設定為 2 即可。程式如下：

```
# 生成包含二階多項式的線性回歸模型
model = polynomial_LinearRegression_model(degree=2)
# 程式執行的開始時間
start_time = time.clock()
# 訓練模型
model.fit(X_train,y_train)
# 計算模型在訓練集、測試集上的得分
trainData_score = model.score(X_train,y_train)
testData_score = model.score(X_test,y_test)
# 輸出模型執行時期長
print('running time:',time.clock()-start_time)
# 輸出得分
print('trainData_score:',trainData_score)
print('testData_score:',testData_score)
```

輸出結果如下：

```
running time: 0.00878019999981916
trainData_score: 0.943689136018
testData_score: 0.799234673409
```

從輸出結果可知，加入二階多項式後，模型在訓練集和測試集上的得分
都提高了，表明模型確實獲得了最佳化。特別是模型在訓練集上的得分
有大幅度上升，表明已經解決了欠擬合問題。但是在測試集上的得分只
有小幅度提升，這也說明模型仍然有最佳化空間。

那麼，如果將階數設定為 3，模型能否進一步最佳化？下面來測試一下，具體程式為：

```
# 生成包含三階多項式的線性回歸模型
model = polynomial_LinearRegression_model(degree=3)
start_time = time.clock()
model.fit(X_train,y_train)
trainData_score = model.score(X_train,y_train)
testData_score = model.score(X_test,y_test)
print('running time:',time.clock()-start_time)
print('trainData_score:',trainData_score)
print('testData_score:',testData_score)
```

輸出結果如下：

```
running time: 0.03587850000076287
trainData_score: 1.0
testData_score: -57.2782547113
```

從結果可知，加入三階多項式後模型過擬合了，訓練集上模型的得分到了最高 100%，表明模型完美地擬合了訓練集資料。但對於測試集，模型得分是負數，表明模型泛化能力非常差，出現了過擬合現象。因此，模型加入二階多項式就足夠了，既不欠擬合又不過擬合。

7.3.4 學習曲線

為了更進一步地了解模型的狀態和最佳化的方向，最好的方式就是畫出學習曲線。因此，首先撰寫函數實現畫出學習曲線圖的功能，具體程式如下：

```
from sklearn.model_selection import learning_curve
from sklearn.model_selection import ShuffleSplit
```

```python
import numpy as np
import matplotlib.pyplot as plt
# 撰寫函數，畫出學習曲線圖
def plot_learning_curve(estimator,title,X,y,ylim=None,cv=None,n_jobs=1
,train_sizes=np.linspace(0.1,1.0,5)):
        #影像標題
    plt.title(title)
    if ylim is not None:
        plt.ylim(*ylim)
    #x軸、y軸標題
    plt.xlabel("Training examples")
    plt.ylabel("Score")
    #獲取訓練集大小，訓練得分集合，測試得分集合
    train_sizes,train_scores,test_scores=learning_curve(estimator
,X,y,cv=cv,n_jobs=n_jobs,train_sizes=train_sizes)
        #計算平均值和標準差
    train_scores_mean=np.mean(train_scores,axis=1)
    train_scores_std=np.std(train_scores,axis=1)
    test_scores_mean=np.mean(test_scores,axis=1)
    test_scores_std=np.std(test_scores,axis=1)
    #背景設定為格線
    plt.grid()
    # 把模型得分平均值的上下標準差範圍的空間用顏色填充
    plt.fill_between(train_sizes,train_scores_mean-train_scores_std
,train_scores_mean+train_scores_std,alpha=0.1,color='r')
    plt.fill_between(train_sizes,test_scores_mean-test_scores_std
,test_scores_mean+test_scores_std,alpha=0.1,color='g')
        # 畫出模型得分的平均值
    plt.plot(train_sizes,train_scores_mean,'o-',color='r'
,label='Training score')
    plt.plot(train_sizes,test_scores_mean,'o-',color='g'
,label='Cross_validation score')
        #顯示圖例
```

```
plt.legend(loc='best')
return plt
```

然後就可以使用函數 plot_learning_curve 畫出學習曲線圖了。這裡，我們畫出一階多項式模型、二階多項式模型和三階多項式模型的學習曲線圖，對比看一下它們之間的區別在哪裡，具體程式如下：

```
cv = ShuffleSplit(n_splits=10, test_size=0.2, random_state=0)
#交叉驗證類進行10次迭代，測試集佔0.2，其餘的都是訓練集
titles = 'Learning Curves (degree={0})'
#多項式的階數
degrees = [1, 2, 3]
#設定版面尺寸，dpi是每英吋的像素點數
plt.figure(figsize=(18, 4), dpi=200)
#迴圈三次
for i in range(len(degrees)):
    #下屬三張畫布，對應編號為i+1
    plt.subplot(1, 3, i + 1)
    #開始繪製曲線
    plot_learning_curve(polynomial_LinearRegression_model(degrees[i])
,titles.format(degrees[i]), X, y, ylim=(0.01, 1.01), cv=cv)
#顯示
plt.show()
```

輸出結果如圖 7.11 所示。

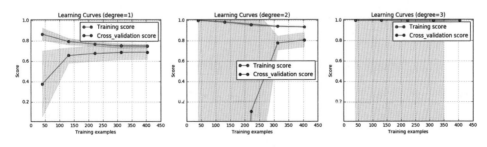

▲ 圖 7.11 學習曲線圖

當階數為 1（如圖 7.11 左圖所示）時，模型訓練集和交叉驗證集的得分都不高，模型處於欠擬合狀態；當階數為 2（如圖 7.11 中圖所示）時，模型訓練集和交叉驗證集得分都有所提升，特別是模型在訓練集上的得分有大幅度提升，但訓練集和交叉驗證集的得分存在明顯間隔，從 7.2.2 節的介紹中可知，此時需要收集更多的樣本資料來訓練模型，才能消除間隔，使得模型在交叉驗證集上有更好的得分，從而提高模型的泛化能力；當階數為 3（如圖 7.11 右圖所示）時，模型在訓練集上的得分達到 100%，而交叉驗證集上的得分為負數，故在圖中只有一條曲線，這說明模型能完美地擬合訓練集，但在交叉驗證集上的表現非常差，此時模型過擬合。

因此，在本例預測波士頓房價的問題上，採用結合二階多項式的多元線性回歸模型是最為合適的選擇。因為加入三階多項式時，模型過於複雜，會出現過擬合問題；而單單使用一階的線性回歸模型又過於簡單，會導致欠擬合；加入二階多項式時，模型的複雜度剛剛好，然而從學習曲線中可以看出，模型在訓練集和交叉驗證集上的得分存在明顯間隔，為了解決這個問題，需要收集更多的訓練集資料，從而使模型在測試集上有更好的表現。

7.4 本章小結

多元線性回歸模型是最常用的機器學習模型之一。本章介紹了多元線性回歸模型的預測函數、損失函數及其向量表示形式。同時，也介紹了模型最佳化方面的內容，包括資料歸一化處理、欠擬合和過擬合問題及其解決方法、正則化、多項式等。此外，也介紹了評估模型好壞的方法，

包括查準率和召回率的計算公式等。最後用 scikit-learn 提供的波士頓房
價資料、類別和函數實現了用多元線性回歸模型解決房價的預測問題，
包括匯入資料、模型訓練、模型最佳化和畫出學習曲線分析模型狀態等
方面的內容。透過波士頓房價預測的例子深入介紹了如何使用多元線性
回歸模型解決實際問題，並如何進行模型最佳化，提高模型預測能力，
從而加深讀者對機器學習模型訓練步驟和參數最佳化的理解。

7.5 複習題

（1）多元線性回歸是什麼，它有什麼特點？

（2）用向量形式寫出多元線性回歸模型的預測函數和損失函數。

（3）什麼是資料歸一化？什麼情況下需要對資料進行歸一化處理？

（4）欠擬合和過擬合分別有什麼特點？如何辨識？解決模型欠擬合、過
擬合問題的方法有哪些？

（5）正則化有什麼作用？正則項的運算式是什麼？加入正則項後，參數
θ 的更新公式如何變化？

（6）在 scikit-learn 中如何實現在模型中加入多項式？

（7）查準率、召回率有什麼作用？它們的公式分別是什麼？

從線性回歸到邏輯回歸

在前面的幾個章節詳細介紹了線性回歸模型，本章將重點介紹分類問題中常用的機器學習方法—邏輯回歸演算法。分類問題可分為二元分類和多元分類兩種類別。其中，二元分類問題可以直接應用邏輯回歸模型處理，而對於多元分類問題，需要結合 OVR 或 softmax 函數的方式處理。那麼，什麼是二元分類問題？其實，在現實生活中我們經常會遇到比賽的輸贏（1 代表贏，0 代表輸）、事情的真假（1 代表真，0 代表假）、投硬幣的正反面（1 代表正面，0 代表反面）、踢球時進球和不進球（1 代表進球，0 代表不進球）等問題，這些都屬於二元分類問題。而多元分類問題是指包含多個類別，即超過兩個類別的分類問題。本章將詳細介紹邏輯回歸模型、OVR 以及 softmax 函數的原理，和時還將介紹正則化的邏輯回歸模型，以及模型最佳化方面的內容，包括判定邊界、L1 和 L2 的差別等。最後會用兩個例子闡述如何使用 scikit-learn 來實現邏輯回歸模型處理乳腺癌良、性惡性的二元分類問題和辨識手寫數字的多元分類問題。

本章內容分為以下幾個部分：

- 介紹邏輯回歸演算法的基本公式。
- 介紹邏輯回歸演算法的代價函數、損失函數等。
- 介紹 OVR 和 softmax 函數如何處理多元分類問題。
- 介紹邏輯回歸模型的正則化。
- 介紹判定邊界的概念和作用。
- 討論 $L1$ 範數的正則項和 $L2$ 範數的正則項之間的區別。
- 用 scikit-learn 實現邏輯回歸模型處理二元分類問題。
- 用 scikit-learn 實現邏輯回歸模型處理多元分類問題。

8.1 邏輯回歸模型

現實生活中經常遇到二元分類問題，它是由兩種不同類別的資料組成的。比如，圖 8.1 所示的就是包含兩種類別的資料集。而我們希望訓練得到一個模型，它能將這兩種類別的資料集分隔開來，即得到兩類資料的邊界線，資料落在哪邊就屬於哪類。邏輯回歸模型就具有這種特性，故它能處理二元分類問題。

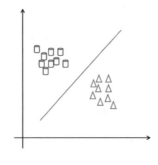

▲ 圖 8.1 兩個類別的資料集

8.1.1 基本公式

由第 7 章可知線性回歸模型的預測函數為：

$$h_\theta(x) = \theta^T x \qquad （公式 8.1）$$

對於二分類問題，我們想要得到一個機率，一個設定值範圍在 [0,1] 的值。比如在投硬幣遊戲中，我們設 1 代表正面，0 代表反面，然後選擇一個基準值，如 0.5，當計算出來的預測值大於 0.5 時，就認為該預測值為 1，表示預測此時硬幣為正面，反之則認為該預測值為 0，表示此時硬幣為反面。因此，需要預測函數的值域為 (0,1)，而顯然公式 8.1 的值域為 (−∞,+∞)，不滿足條件。故此，我們引入 sigmoid 函數，它的基本公式是：

$$g(z) = \frac{1}{1 + e^{-z}} \qquad （公式 8.2）$$

它的圖形如圖 8.2 所示。

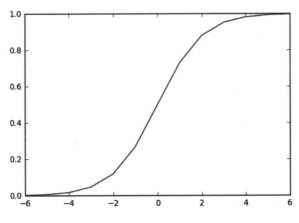

▲ 圖 8.2 sigmoid 函數

從 sigmoid 函數的公式和曲線形狀可知，它的定義域為 $(-\infty, +\infty)$，其值域為 $(0,1)$。我們只需要令：

$$z = \theta^{\mathrm{T}} x \qquad\qquad （公式 8.3）$$

將公式 8.3 代入公式 8.2 中，即可得到邏輯回歸模型的預測函數為：

$$h_\theta(x) = g(\theta^{\mathrm{T}} x) = \frac{1}{1 + \mathrm{e}^{-\theta^{\mathrm{T}} x}} \qquad\qquad （公式 8.4）$$

由公式 8.4 可知其值域為 $(0,1)$，符合我們對於機率的設定值範圍要求。為什麼邏輯回歸的預測函數是這種形式呢？其實是可以推導出來的，可以用最大似然法來推導，最後可得出邏輯回歸模型的預測函數運算式就是公式 8.4。由於篇幅有限，本書在這裡就不詳細說明推導過程了，感興趣的讀者可以自行嘗試推導，或查閱相關資料。

8.1.2 邏輯回歸演算法的代價函數

為了訓練模型，下一步需要找出損失函數。由上一章的介紹可知，線性回歸模型的損失函數公式為：

$$L_\theta(x) = \frac{1}{2m} \sum_{i=1}^{m} (h_\theta(x^{(i)}) - y^{(i)})^2 = \frac{1}{m} \sum_{i=1}^{m} \frac{1}{2} (h_\theta(x^{(i)}) - y^{(i)})^2 \qquad （公式 8.5）$$

其中，可將其代價函數記為：

$$\mathrm{Cost}\,(h_\theta(x), y) = \frac{1}{2}(h_\theta(x) - y)^2 \qquad\qquad （公式 8.6）$$

故線性回歸模型的損失函數可記為：

$$L_\theta(x) = \frac{1}{m} \sum_{i=1}^{m} \mathrm{Cost}\,(h_\theta(x^{(i)}), y^{(i)}) \qquad\qquad （公式 8.7）$$

由於我們對模型的訓練目標是讓預測值與真實值之間的距離越小越好，即損失函數 $L_\theta(x)$ 的值越小越好，故由公式 8.7 可知，訓練目標等價於代價函數 $\text{Cost}(h_\theta(x),y)$ 的值越小越好。那麼，公式 8.6 和公式 8.7 適用於邏輯回歸模型嗎？可以照搬過來作為邏輯回歸模型的損失函數和代價函數嗎？顯然是不可以的，理由如下：

由於邏輯回歸模型的預測函數 $h_\theta(x)$ 非常複雜，它的運算式如公式 8.4 所示。若將公式 8.4 代入公式 8.6 中，得到的代價函數 $\text{Cost}(h_\theta(x),y)$ 是一個非凸函數，它存在很多的局部最小值。而我們訓練模型的目的是找到全域最小值，故這對於使用梯度下降演算法查詢最佳解造成很大的麻煩。因此，邏輯回歸模型的代價函數不能直接照搬線性回歸模型的公式。

那麼，邏輯回歸模型的代價函數應該是怎樣的形式呢？它的公式如下：

$$\text{Cost}(h_\theta(x),y)=\begin{cases}-\log(h_\theta(x)) & y=1\\ -\log(1-h_\theta(x)) & y=0\end{cases} \qquad （公式 8.8）$$

其實，用最大似然法也可以推導出公式 8.8，但由於推導過程比較複雜，這裡就不詳細介紹了，感興趣的讀者可以自行查閱相關文獻。此外，除了可以用最大似然法推導外，其實也可以用比較直觀的方式解釋為什麼公式 8.8 可以作為邏輯回歸模型的代價函數。下面用一個例子說明。

在預測腫瘤是惡性或良性的二分類問題中，假設 0 代表良性腫瘤，1 代表惡性腫瘤。當有一個樣本資料 x，透過邏輯回歸模型計算得到它的預測值 $h_\theta(x)=0$，表示模型判斷此樣本為良性腫瘤，但該樣本資料的真實值是 $y=1$，也就是該腫瘤的真實類別是惡性腫瘤。可以看到，此時模型預測出現了嚴重的錯誤，把惡性腫瘤樣本資料非常自信地歸類到良性腫瘤類別中，故此時應舉出非常大的懲罰，即此時模型的代價函數值應該非常大才正確。我們將 $h_\theta(x)$ 和 y 對應的值代入公式 8.8 中，看看代價函數的值等於多少？從公式 8.8 可知，當 y=1 時，Cost($h_\theta(x)$,y)=-log($h_\theta(x)$)，這表明 $h_\theta(x)$ 越接近 0，代價函數的值越大，而當 $h_\theta(x)$ 越接近 1，代價函數的值越接近 0，所以當 $h_\theta(x)$=0 且 y=1 時，代價函數的值為無限大，這正好符合我們的預期。另外，當真實值是良性腫瘤（y=0）但預測值為惡性腫瘤（$h_\theta(x)$=1）時，同樣這個錯誤的代價是非常大的，故此時代價函數的值也應該非常大才行，將 $h_\theta(x)$=1 且 y=0 代入公式 8.8 可得，此時代價函數的值也為無限大。因此，公式 8.8 符合邏輯回歸模型代價函數的規律。

8.1.3 邏輯回歸演算法的損失函數

上一節已經得出邏輯回歸模型的代價函數公式。由於公式 8.8 是分段函數，為了方便表示，能否將其整合成一個運算式呢？

答案是可以的，整合後的公式為：

$$\text{Cost}\,(h_\theta(x),y) = -[y\log(h_\theta(x)) + (1-y)\log(1-h_\theta(x))] \quad （公式 8.9）$$

公式 8.9 結合了 y=1 和 y=0 的情況。當 y=1 時，1-y=0，所以後面那項就不存在了；而當 y=0 時，前面那項為 0，只保留後面那項。故公式 8.9 能極佳地表示邏輯回歸模型代價函數的特性。

由於損失函數和代價函數的關係式如公式 8.7 所示，故將公式 8.9 代入公式 8.7，很容易得到邏輯回歸模型的損失函數為：

$$L_\theta(x) = -\frac{1}{m}\sum_{i=1}^{m}[y^{(i)}\log(h_\theta(x^{(i)})) + (1-y^{(i)})\log(1-h_\theta(x^{(i)}))] \quad （公式 8.10）$$

8.1.4 梯度下降演算法

下一步是應用梯度下降演算法更新參數，使得邏輯回歸模型在訓練過程中，損失函數的值越來越小。經過多次迭代更新後，找到使損失函數取得最小值的參數 θ，模型訓練完成。最後可用訓練好的邏輯回歸模型在測試集上進行類別預測，計算模型的準確率。若模型在測試集上的準確率較高，表明此模型具有較強的泛化能力；若模型在測試集上的準確率較低，需要分析模型是欠擬合還是過擬合，然後採取對應的措施改進後，重新訓練模型。

根據梯度下降演算法的定義，可以得出以下公式：

$$\theta_j = \theta_j - \eta \frac{\partial L_\theta(x)}{\partial \theta_j} \qquad （公式 8.11）$$

將公式 8.4 和公式 8.10 代入公式 8.11 中，求出偏導數並整理後，可得邏輯回歸模型的參數 θ 更新公式為：

$$\theta_j = \theta_j - \eta \frac{1}{m} \sum_{i=1}^{m} \left(h_\theta(x^{(i)}) - y^{(i)} \right) x_j^{(i)} \qquad （公式 8.12）$$

具體的求導過程在這裡就不展開了，感興趣的讀者可以自行推導一下。

8.2 多元分類問題

在現實生活中，除了二元分類問題外，多元分類問題我們也經常遇到。比如預測天氣的問題，假設晴天記為 $y=1$，陰天記為 $y=2$，多雲記為 $y=3$，雪天記為 $y=4$，這樣就是一個四分類的問題；再比如我們去餐廳吃飯後對其評分，可能就有 5 個等級供選擇，如非常好吃得 5 分（記 $y=5$），好吃得 4 分（記 $y=4$），一般得 3 分（記 $y=3$），不好吃得 2 分（記 $y=2$），難吃得 1 分（記 $y=1$）等。故多元分類問題在現實生活中非常常見。而從公式 8.4 和公式 8.10 可知，邏輯回歸模型不能直接處理多元分類問題，它只能處理二元分類問題。那麼，我們要如何解決多元分類的問題呢？

有兩種方式：一種是 OVR（One vs Rest），另一種是使用 softmax 函數。

8.2.1 OVR

OVR 方法的思想是：把多元分類問題分解為多個二元分類問題，然後逐一用邏輯回歸模型處理這些二元分類問題，透過訓練得出多個二分類模型。當需要對新資料進行分類預測時，只需將其分別輸入訓練好的多個二分類邏輯回歸模型中，得到多個機率值後，選擇其中機率最大所對應的類別為此新資料的所屬類別。

下面透過一個例子詳細説明 OVR 的工作模式，比如，資料集分佈如圖 8.3 所示。

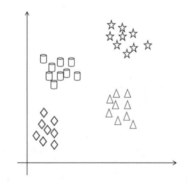

▲ 圖 8.3 4 類樣本資料分佈圖

從圖 8.3 可以看到，在二維平面上有 4 個類別的資料。那麼，它們之間的邊界線如何得到？若二維平面上有一個新資料點，如何對其進行分類？顯然這是一個四元分類問題，若用 OVR 的方法處理，首先會將其分解為多個二元分類問題，即每次將其中一類作為正樣本，剩下三類都看成負樣本，將其轉化為多個二元分類問題來訓練模型。如圖 8.4 所示，將五角星類看成正樣本，剩下三類都看成負樣本，這樣就轉化為一個二分類問題，就可以用邏輯回歸的方式訓練得到一個模型，此模型能夠分類出五角星。

如圖 8.5 所示，用同樣的方式將圖 8.3 中的三角形看成正樣本，剩下的三類都看成負樣本，這樣就轉化為另一個二分類問題，然後同樣用邏輯回歸的方式訓練得到一個新模型，它可以分類出三角形。

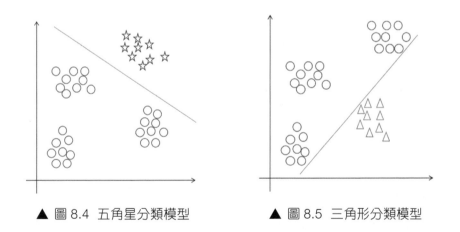

▲ 圖 8.4 五角星分類模型　　▲ 圖 8.5 三角形分類模型

按照這種方式，最終可得 4 個訓練好的邏輯回歸模型，它們分別能分類出其中的類別。當對一個資料進行分類預測時，只需將其分別輸入這 4 個邏輯回歸模型中，得到這些模型輸出的 4 個機率值，其中哪個值最大，那麼最大機率所對應的類別就是這個資料所屬的類別。

8.2.2 softmax 函數

對於多元分類問題,除了上一小節提到的 OVR 方法外,還有另一種方法是使用 softmax 函數。softmax 顧名思義就是 soft 和 max 的結合,soft 是軟的意思,max 是最大的意思。一般 max 函數用於找出幾個數中值最大的那個,而透過 softmax 輸出多個分類的機率,即待分類的資料屬於每個類別的機率。

用 OVR 方法處理多元分類問題需要訓練多個模型,但如果用 softmax 函數,只需要訓練一個模型即可。softmax 函數的定義如下:

$$\text{softmax}\,(z_i) = \frac{e^{z_i}}{\sum_{c=1}^{C} e^{z_c}}$$ （公式 8.13）

其中,z_i 表示第 i 個節點的輸出值,C 為輸出節點的個數,即多元分類的類別個數。z_i 由以下公式計算得到:

$$z_i = \sum_{j=1}^{n} \theta_{ij} x_j$$ （公式 8.14）

下面用一個具體的例子進一步說明如何將 softmax 函數應用於多元分類問題。

假如輸入的樣本資料中有一筆資料 x,它有 5 個特徵,記為 x_1、x_2、x_3、x_4、x_5。現在需要對資料 x 進行分類,假設共有三個類別可選,那麼用 softmax 函數來處理此多分類問題(此時 C=3)時,首先需要計算 z_1、z_2、z_3 的值,即可以表示為:$z_i=\theta_{i1}x_1+\theta_{i2}x_2+\theta_{i3}x_3+\theta_{i4}x_4+\theta_{i5}x_5$(其中 i=1,2,3),然後透過啟動函數公式 8.13 計算出每個類別的機率,得出預測值 y_1、y_2、y_3,最後機率最大的那個分類就是資料 x 所屬的類別。整個流程如圖 8.6 所示。

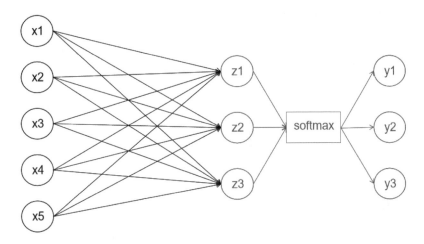

▲ 圖 8.6 用 softmax 函數處理多元分類問題

此外，從 softmax 函數的運算式也可以看出：它規定了各個類別的機率之和為 1，這正好滿足機率的計算規律。可能有讀者會存在這樣的疑問，為什麼選擇用 softmax 函數而不直接用公式 8.15 這個更加直觀、簡單的式子呢？

$$\frac{z_i}{\sum_{c=1}^{C} z_c}$$ （公式 8.15）

這個公式也能滿足各個類別機率之和為 1，而且計算也非常簡單，但為什麼 softmax 作為啟動函數更加合適呢？這是因為用指數函數 e^x 能夠把資料的差距拉大。比如將 $z_1=1$、$z_2=4$、$z_3=5$ 分別代入公式 8.15 和公式 8.13 中，透過公式 8.15 計算得到對應的機率為 0.1、0.4、0.5，而透過公式 8.13 計算得到對應的機率為 0.0132、0.2654、0.7214。可以看到，透過 softmax 函數能夠將資料的差距拉大，即將各個類別的差距拉大，從而能夠更進一步地對資料進行分類。

如何對 softmax 模型進行訓練呢？同樣是用梯度下降演算法，透過多次迭代更新參數 θ，從而使模型的損失函數越來越小，直到迭代次數達到一定數量或損失函數取得最小值為止。

softmax 的交叉熵損失函數為：

$$L = -\sum_{c=1}^{C} y_c * \log \frac{e^{z_c}}{\sum_{c=1}^{C} e^{z_c}}$$ 　　　　（公式 8.16）

公式 8.16 是如何得出的呢？有一個簡單的方法理解它。當樣本資料屬於某一個分類 t 時，此時只有此類別的 $y_t=1$，其他類別的 y 都為 0，故此時損失函數可簡化為：$L = -\log \frac{e^{z_t}}{\sum_{c=1}^{c} e^{z_c}}$。所以正確類別對應的機率 $\frac{e^{z_t}}{\sum_{c=1}^{c} e^{z_c}}$ 應越大越好，即它的對數值 $\log \frac{e^{z_t}}{\sum_{c=1}^{c} e^{z_c}}$ 也應該越大越好，故 $-\log \frac{e^{z_t}}{\sum_{c=1}^{c} e^{z_c}}$ 應該越小越好，即損失函數越小越好。因此，公式 8.16 適合作為 softmax 模型的損失函數，如果對具體的證明過程感興趣，讀者也可自行查閱相關文獻，這裡就不展開講解了。

8.3 正則化項

8.3.1 線性回歸的正則化

首先來回顧一下線性回歸的正則化。從第 7 章的介紹可知，正則化是透過在損失函數後加入正則項來實現的，正則化的線性回歸模型的損失函數為：

$$L_\theta(x) = \frac{1}{2m}\left[\sum_{i=1}^{m}\left(h_\theta(x^{(i)}) - y^{(i)}\right)^2 + \lambda\sum_{j=1}^{n}\theta_j^2\right] \qquad （公式 8.17）$$

從公式 8.17 可知，若損失函數 $L_\theta(x)$ 要取得最小值，那麼參數集 θ 需要同時滿足設定值很小並且 $(h_\theta(x^{(i)}) - y^{(i)})^2$ 的值很小。由於正則項的約束，那麼模型透過多次迭代收斂後，會學習到將不太重要的特徵對應的參數設定為非常小的值，而重要的特徵對應的參數設定為較大的值，這樣既能保留所有特徵都或多或少地發揮作用，同時也能減少模型的複雜度，從而避免過擬合的情況。

由於正則項的參數 λ 是超參數，在訓練模型時，可以將 λ 設定為多個不同的設定值並分別訓練後，將訓練好的模型在驗證集上測試，看看哪個 λ 的設定值最為合適。找到合適的 λ 值非常重要，λ 的值越大，那麼它對 θ 的要求就越嚴苛，需要 θ 設定值非常小。假如 λ 為無限大，那麼需要 θ 的設定值無限接近 0。反之，如果 λ 設定值越小，那麼對 θ 的約束就越寬鬆。假如 λ 設定值為 0，正則項就相當於故障了，就變成沒有正則化之前的模型。當然，正常來說 λ 不可能取無限大，也不會等於 0。

損失函數加入正則項後，參數 θ 的更新公式變為：

$$\theta_j = \theta_j - \frac{\eta}{m}\left[\sum_{i=1}^{m}\left(\left(h_\theta\left(x^{(i)}\right) - y^{(i)}\right)x_j^{(i)}\right) + \lambda\theta_j\right] \qquad （公式 8.18）$$

將公式 8.18 化簡後，可得：

$$\theta_j = \theta_j\left(1 - \eta\frac{\lambda}{m}\right) - \frac{\eta}{m}\sum_{i=1}^{m}\left(\left(h_\theta\left(x^{(i)}\right) - y^{(i)}\right)x_j^{(i)}\right) \qquad （公式 8.19）$$

從公式 8.19 中可知，θ_j 每次迭代都會比原來的值變小一點點，這是因為學習率 η 和正則化參數 λ 都為正數，且 m 是訓練集的樣本數量，故：

$$0 < 1 - \eta \frac{\lambda}{m} < 1$$

這就是為什麼 θj 會逐漸縮小的原因。

8.3.2 邏輯回歸的正則化

對於邏輯回歸模型的正則化也是同樣的道理，加入正則項的邏輯回歸模型的損失函數公式如下：

$$L_\theta(x) = -\frac{1}{m}\sum_{i=1}^{m}[y^{(i)}\log(h_\theta(x^{(i)})) + (1-y^{(i)})\log(1-h_\theta(x^{(i)}))] + \frac{\lambda}{2m}\sum_{j=1}^{n}\theta_j^2 \quad （公式 8.20）$$

對公式 8.20 應用梯度下降演算法，可以得出公式：

$$\theta_j = \theta_j - \eta\left[\frac{1}{m}\sum_{i=1}^{m}\left(h_\theta(x^{(i)}) - y^{(i)}\right)x_j^{(i)} + \frac{\lambda}{m}\theta_j\right] \quad （公式 8.21）$$

將公式 8.21 化簡後，可得：

$$\theta_j = \theta_j\left(1 - \eta\frac{\lambda}{m}\right) - \frac{\eta}{m}\sum_{i=1}^{m}\left(\left(h_\theta(x^{(i)}) - y^{(i)}\right)x_j^{(i)}\right) \quad （公式 8.22）$$

從公式 8.22 可知，θ_j 每次迭代都會比原來的值變小一點點。

需要注意的是公式中 $j \geq 1$，因為 θ_0 是不參與正則化的。此外，雖然線性回歸和邏輯回歸的參數更新公式看起來形式一樣，但其實是不同的，因為它們的預測函數 $h_\theta(x)$ 不同。

正則化是解決過擬合問題的有效措施。對於模型的過擬合問題，最直接的處理方式是降低模型的複雜性，故需要減少模型的特徵個數，而最簡單的方式就是讓特徵對應的權重參數為 0，使該特徵失去作用。但由於一開始我們很難確定哪些特徵可以捨棄，故用正則化方式讓模型自己學習。在經過多次迭代後,模型會將不重要的特徵值所對應的參數設定為非常小甚至無限接近 0,以此達到降低模型複雜度,從而解決模型過擬合的問題。然而當 λ 值設定得太大時,有可能過分約束 θ 而導致欠擬合,所以選擇合適的 λ 非常重要。

8.4 模型最佳化

8.4.1 判定邊界

分類的意義在於訓練一個模型,使該模型能將幾個不同類別的樣本資料分隔開來,把同一類別的資料放在一起。這樣對於新的待分類資料,就可以透過該模型預測出它所屬的類別。

邏輯回歸模型的預測函數由以下兩個公式確定:

$$h_\theta(x) = g(\theta^\mathrm{T} x) \qquad g(z) = \frac{1}{1 + \mathrm{e}^{-z}}$$

假設 $y=1$ 的判定條件是 $h_\theta(x) \geqslant 0.5$,$y=0$ 的判定條件是 $h_\theta(x)<0.5$,那麼可以得出 $y=1$ 的判定條件就是 $\theta^\mathrm{T} x \geqslant 0$,$y=0$ 的判定條件就是 $\theta^\mathrm{T} x<0$,故 $\theta\mathrm{T}x=0$ 即為判定邊界。

如果我們假設 $\theta^\mathrm{T} x=\theta_0+\theta_0 x_1+\theta_2 x_2$,透過訓練得到 $\theta_0=1$、$\theta_1=2$、$\theta_2=-1$,那麼最終 $\theta^\mathrm{T} x=1+2x_1-x_2$,它的圖形如圖 8.7 所示,可以看到判定邊界是一條直線。如果我們假設 $\theta^\mathrm{T} x = \theta_0 + \theta_1 x_1 + \theta_2 x_1^2 + \theta_3 x_2 + \theta_4 x_2^2$,然後透過訓練得到 $\theta_0=-81$、$\theta_1=0$、$\theta_2=1$、$\theta_3=0$、$\theta_4=1$。那麼最終 $\theta^\mathrm{T} x = x_1^2 + x_2^2 - 81$,它的圖形如圖 8.8 所示,可以看到是一個圓形作為分界線,圓形以內和圓形以外各為一個類別。

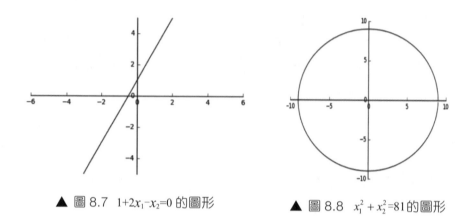

▲ 圖 8.7　$1+2x_1-x_2=0$ 的圖形　　　▲ 圖 8.8　$x_1^2+x_2^2=81$ 的圖形

由此可見，如果模型的預測函數中加了二次項（如圖 8.8 的 x_1^2、x_2^2）或其他多項式，就能使得模型分類的邊界更加複雜，可以處理更加複雜的分類問題。把資料集中樣本資料的特徵進行組合可以得到新特徵，加入越多的多項式，模型就越複雜，越能實現更加複雜的分界曲線，這樣就能更加精準地把資料進行分類。然而模型越複雜就越容易出現過擬合的情況，故是否加入二次項或其他多項式，需要具體問題具體分析。此外，如果模型過於簡單（如圖 8.7 所示），那麼它的分類能力是有限的，也容易導致欠擬合的情況。因此，判定模型的預測函數是否合適，可以畫出學習曲線進行分析，避免欠擬合或過擬合的情況發生。

8.4.2 L1 和 L2 的區別

回顧 8.3.2 節提到的邏輯回歸模型加入正則項 $\lambda \sum_{j=1}^{n} \theta_j^2$，這個其實就是一個 $L2$ 範數的正則項。$L2$ 範數是一個向量中元素的平方和的開方根，而 $L1$ 範數是向量中元素的絕對值之和。假設一個向量 $\theta=[\theta_1,\theta_2]$，那麼它的 $L1$ 範數為：

$$\|\theta\|_1 = |\theta_1| + |\theta_2|$$　　　　（公式 8.23）

它的 $L2$ 範數為：

$$\|\theta\|_2 = \sqrt{\theta_1^2 + \theta_2^2}$$　　　　（公式 8.24）

由於加入正則項可以避免模型過擬合，它透過調整正則項的權重 λ，使得損失函數在訓練過程中能收斂到合適的位置，從而學習得到較優的模型參數 θ。同時，選擇 $L1$ 或 $L2$ 範數作為正則項也會影響訓練後最終得到的參數 θ。由於 $L1$ 範數是各個元素絕對值之和，而 $L2$ 範數是各個元素的平方和的開方根值，在訓練過程中，透過前面章節的介紹，我們知道模型參數收斂的方向在成本函數的等高線上跳躍，最終會收斂到誤差最小的點上，而加上正則項後，模型在訓練過程中也會向著正則項減小的方向收斂，故最終的收斂方向由這兩者共同決定。

如果我們使用 $L1$ 範數作為正則項，由於它的特性，會讓模型參數矩陣中為 0 的元素儘量多，進而排除掉那些對模型決策沒什麼影響的特徵，從而簡化模型。因此，$L1$ 範數解決過擬合問題的方法是減少特徵數量，使模型參數稀疏化。

而一般來說，所有特徵都是有用途的，特徵應該是越多越能使模型做出更加準確的預測。因此，為了使模型的堅固性更好，我們考慮的是弱化其中一些特徵的權重，而非直接排除掉這些特徵，所以 $L1$ 範數用在正則項中的情況比較少，一般預設都是使用 $L2$ 範數作為正則項。由於 $L2$ 範數的特性，它能使模型參數最終收斂時，重要的特徵對應的參數值較大，不重要的特徵對應的參數值較小，甚至無限接近 0。這樣做不僅保留了所有特徵，也突出了重要的特徵，弱化了不重要的特徵，同時也降低了模型的複雜度，避免出現過擬合問題。所以，大部分情況都預設使用

$L2$ 範數作為正則項，在 scikit-*l*earn 中預設值也是 $L2$ 範數。在某些情況下，也會用到 $L1$ 範數作為正則項，它們都有各自適合的應用場景。但在沒有特殊要求時，預設使用 $L2$ 範數。

8.5 用邏輯迴歸演算法處理二分類問題

【例 8.1】本節使用 scikit-learn 中提供的資料集、類別和函數實現用邏輯迴歸模型預測乳腺癌為良性或惡性的二元分類問題。

本範例的資料集包含 569 筆資料，每筆資料有 30 個特徵，這些特徵都是從病灶造影圖片中提取出來的。其中主要有 10 個關鍵特徵，剩下 20 個特徵是從這些特徵衍生出來的新特徵。這 10 個關鍵特徵如下：

（1）radius：半徑，表示病灶中心點與邊界之間距離的平均值。

（2）texture：紋理。

（3）perimeter：周長，表示病灶的大小尺寸。

（4）area：面積，也是表示病灶大小的指標。

（5）smoothness：平滑度，表示病灶半徑的變化幅度。

（6）compactness：緊密程度。

（7）concavity：凹度，表示病灶的凹陷程度。

（8）comcave points：凹點，凹陷的數量。

（9）symmetry：對稱性。

（10）fractal dimension：分形維度。

從這些指標中不難看出，有些指標是「複合」指標，它可以透過兩三個指標的運算得到。比如 compactness 特徵，可以透過 perimeter 和 area 特徵計算得到。在前面章節我們講過擬合、欠擬合的問題，其中對於欠擬合的問題，可以透過尋找新的特徵從而增加模型的複雜度，這是解決欠擬合問題的方法之一。而在現實案例中，尋找新的特徵非常困難，通常採用的方法是：透過已知的幾個特徵建構一個新的複合特徵，這是一種非常有用的方式。由於這些新特徵是事物內在邏輯關係的表現，所以它也是非常有效的特徵。

8.5.1 匯入資料集

首先匯入需要用到的類別和函數，資料集可以透過 load_breast_cancer 函數得到。同時，在 scikit-learn 中提供了實現邏輯回歸模型的 LogisticRegression 類別。具體程式如下：

```
# -*- coding: utf-8 -*-
# 匯入相關的類別和函數
from sklearn.datasets import load_breast_cancer
from sklearn.linear_model import LogisticRegression
from sklearn import model_selection
import matplotlib as plt
# 載入資料集
load_data = load_breast_cancer()
X = load_data.data
y = load_data.target
```

然後查看資料集的大小、包含哪些屬性等，程式如下：

```
# 輸出資料集和標籤集的矩陣維度
print('X.shape:',X.shape)
print('Y.shape:',y.shape)
# 輸出資料集包含的特徵、標籤集的類別名稱
print('feature_names:',load_data.feature_names)
print('target_names:',load_data.target_names)
```

執行上面的程式，輸出結果如下：

```
X.shape: (569, 30)
Y.shape: (569,)
feature_names: ['mean radius' 'mean texture' 'mean perimeter' 'mean area'
 'mean smoothness' 'mean compactness' 'mean concavity'
 'mean concave points' 'mean symmetry' 'mean fractal dimension'
 'radius error' 'texture error' 'perimeter error' 'area error'
 'smoothness error' 'compactness error' 'concavity error'
 'concave points error' 'symmetry error' 'fractal dimension error'
 'worst radius' 'worst texture' 'worst perimeter' 'worst area'
 'worst smoothness' 'worst compactness' 'worst concavity'
 'worst concave points' 'worst symmetry' 'worst fractal dimension']
target_names: ['malignant' 'benign']
```

可以看出總共有 569 筆資料，每筆資料有 30 個特徵值，共有兩種類別
（良性、惡性），每筆資料屬於其中的類別，這就是一個二分類問題。輸
出結果 feature_names 表示 30 個屬性的名稱，target_names 表示了該腫瘤
的兩種情況，是良性還是惡性。

接下來，我們可以查看一下每筆資料中都有怎樣的值。下面用一行程式
來查看第 1 筆資料的特徵值：

```
print(X[0])
```

執行上面的程式，輸出結果如下：

```
[  1.79900000e+01   1.03800000e+01   1.22800000e+02   1.00100000e+03
   1.18400000e-01   2.77600000e-01   3.00100000e-01   1.47100000e-01
   2.41900000e-01   7.87100000e-02   1.09500000e+00   9.05300000e-01
   8.58900000e+00   1.53400000e+02   6.39900000e-03   4.90400000e-02
   5.37300000e-02   1.58700000e-02   3.00300000e-02   6.19300000e-03
   2.53800000e+01   1.73300000e+01   1.84600000e+02   2.01900000e+03
   1.62200000e-01   6.65600000e-01   7.11900000e-01   2.65400000e-01
   4.60100000e-01   1.18900000e-01]
```

可以看到，不同特徵值資料大小的差別還是挺大的。那麼，特徵的設定值範圍是否差別特別大呢？這個具體還要把所有的資料都看一下才能確定。如果設定值範圍差別很大，那麼可以考慮對資料做歸一化處理。如何做資料歸一化以及其優點已經在前面的章節做了詳細介紹，這裡不再贅述。下面我們試試直接用這些資料進行模型訓練，看看效果如何。

8.5.2　模型訓練

資料導進來後，下一步需要將其分為訓練集和測試集，這裡使用 scikit-learn 中的 train_test_split 函數，用此函數將所有資料分為 70% 的訓練集和 30% 的測試集。使用訓練集中的資料對邏輯回歸模型進行訓練，然後使用測試集的資料來測試一下模型的準確率，具體程式如下：

```
# 將資料集分割為訓練集和測試集
X_train,X_test,y_train,y_test = model_selection.train_test_split(X,y
                                  ,test_size=0.3,random_
state=20,shuffle=True)

# 查看訓練集和測試集的矩陣維度
print('X_train.shape:',X_train.shape)
print('X_test.shape:',X_test.shape)
```

執行上面的程式，輸出結果如下：

```
X_train.shape: (398, 30)
X_test.shape: (171, 30)
```

可以看到分割後，訓練集有 398 筆資料，測試集有 171 筆資料，它們分別存放在 X_train.shape、X_test.shape 中。

下面開始訓練模型，用訓練集來訓練邏輯回歸模型，然後分別用訓練集和測試集的資料測試一下模型的準確率，程式如下：

```
# 生成邏輯回歸模型
model = LogisticRegression()
# 用訓練集訓練模型
model.fit(X_train,y_train)
# 用訓練好的模型預測測試集的部分資料所屬的類別
y_predict = model.predict(X_test[10:30,])
# 輸出預測類別、真實類別
print('y_predictValue:',y_predict)
print('y_realValue    :',y_test[10:30])
# 計算模型在訓練集和測試集上的得分
trainData_score = model.score(X_train,y_train)
testData_score = model.score(X_test,y_test)
# 輸出得分
print('trainData_score:',trainData_score)
print('testData_score :',testData_score)
```

執行上面的程式，輸出結果如下：

```
y_predictValue: [0 1 1 0 1 1 1 0 0 1 1 1 0 0 0 0 1 1 0 1]
y_realValue    : [0 1 1 0 1 1 1 0 0 1 1 1 0 0 0 0 0 1 1 1]
trainData_score: 0.957286432161
testData_score : 0.941520467836
```

可以看到，模型的準確率還是挺高的，在訓練集上得分達到 95.7%，同時在測試集上模型的得分有 94.2%。

下面我們來查看一下這個訓練好的邏輯回歸模型的各個參數值，程式如下：

```
# 輸出模型的超參數
print(model.get_params())
# 輸出30個特徵對應的參數值
print(model.coef_)
```

```
# 輸出偏差值（bias），即θ₀的值
print(model.intercept_)
```

執行上面的程式，輸出結果如下：

```
{'penalty': 'l2', 'multi_class': 'ovr', 'warm_start': False, 'tol': 0.0001,
'n_jobs': 1, 'dual': False, 'intercept_scaling': 1, 'max_iter': 100,
'random_state': None, 'verbose': 0, 'solver': 'liblinear', 'fit_intercept':
True, 'C': 1.0, 'class_weight': None}
[[ 1.79772445  0.15976365 -0.03375733  0.00688708 -0.09212802 -0.31739741
  -0.44404873 -0.22488992 -0.06792485 -0.02269297  0.08326615  0.83160237
   0.54906952 -0.15812115 -0.00922239 -0.02302172 -0.04428993 -0.02821597
  -0.01291217 -0.00200002  1.62549612 -0.36375075 -0.16071964 -0.03219057
  -0.16549493 -0.8438383  -1.12732202 -0.42252283 -0.29268603 -0.07815002]]
[ 0.27015084]
```

從輸出結果可知，模型使用 L2 正則項。由於前面生成模型時我們沒有指定模型的超參數值，故這些超參數都使用預設值，具體可以查看 scikit-learn 官網上有關 LogisticRegression 類別的參數說明。

8.5.3 學習曲線

模型在訓練集和測試集上的得分都挺高的，它是否還有最佳化空間呢？我們可以嘗試加入多項式或改變超參數的值，看看效果如何。在 scikit-learn 中，需要用管道把多項式類別和邏輯回歸類別串起來使用。故先撰寫函數，用管道將它們串起來，具體程式如下：

```
# 匯入相關類別
from sklearn.preprocessing import PolynomialFeatures
from sklearn.pipeline import Pipeline
# 撰寫函數，用管道將多項式和邏輯回歸類串起來
def polynomial_LogisticRegression_model(degree=1, **kwarg):
```

```
poly = PolynomialFeatures(degree=degree, include_bias=False)
model = LogisticRegression(**kwarg)
pipeline_model = Pipeline([("polynomial_features", poly),("logistic_
regression", model)])
    return pipeline_model
```

此外，為了更直觀地對比了解模型的狀態，最好的方式就是畫出學習曲線。故需要撰寫函數，實現畫出學習曲線圖的功能（此程式在第 7 章中也提到過），程式如下：

```
from sklearn.model_selection import learning_curve
from sklearn.model_selection import ShuffleSplit
import numpy as np
import matplotlib.pyplot as plt
# 撰寫函數，畫出學習曲線圖
def plot_learning_curve(estimator,title,X,y,ylim=None,cv=None,n_jobs=1
,train_sizes=np.linspace(0.1,1.0,5)):
        #影像標題
    plt.title(title)
    if ylim is not None:
        plt.ylim(*ylim)
    #x軸、y軸標題
    plt.xlabel("Training examples")
    plt.ylabel("Score")
    #獲取訓練集大小，訓練得分集合，測試得分集合
    train_sizes,train_scores,test_scores=learning_curve(estimator
,X,y,cv=cv,n_jobs=n_jobs,train_sizes=train_sizes)
        #計算平均值和標準差
    train_scores_mean=np.mean(train_scores,axis=1)
    train_scores_std=np.std(train_scores,axis=1)
    test_scores_mean=np.mean(test_scores,axis=1)
    test_scores_std=np.std(test_scores,axis=1)
    #背景設定為格線
    plt.grid()
```

```
    # 把模型得分平均值的上下標準差範圍的空間用顏色填充
    plt.fill_between(train_sizes,train_scores_mean-train_scores_std
,train_scores_mean+train_scores_std,alpha=0.1,color='r')

    plt.fill_between(train_sizes,test_scores_mean-test_scores_std
,test_scores_mean+test_scores_std,alpha=0.1,color='g')
        # 畫出模型得分的平均值
    plt.plot(train_sizes,train_scores_mean,'o-',color='r'
,label='Training score')
    plt.plot(train_sizes,test_scores_mean,'o-',color='g'
,label='Cross_validation score')
        #顯示圖例
    plt.legend(loc='best')
    return plt
```

下一步,使用函數 plot_learning_curve 畫出學習曲線圖。這裡,我們分別畫出 L1、L2 正則項結合一階多項式、二階多項式的學習曲線圖,可以對比一下超參數選擇哪種組合時,模型分類效果最佳。

使用 L1 範數為正則項,同時設定多項式階數為 1 或 2 時,畫出乳腺癌分類模型的學習曲線,具體程式如下:

```
# 畫出penalty=L1的學習曲線
cv = ShuffleSplit(n_splits=10, test_size=0.2, random_state=0)
#交叉驗證類進行10次迭代,測試集佔0.2,其餘的都是訓練集
titles = 'Learning Curves (degree={0}, penalty=L1)'
#多項式的階數
degrees = [1, 2]
#設定版面尺寸,dpi是每英吋的像素點數
plt.figure(figsize=(12, 4), dpi=200)
#迴圈兩次
for i in range(len(degrees)):
    #下屬兩張畫布,對應編號為i+1
```

```
plt.subplot(1, 2, i + 1)
#開始繪製曲線
plot_learning_curve(polynomial_LogisticRegression_model(degrees[i]
, penalty='l1'), titles.format(degrees[i]), X, y, ylim=(0.7, 1.01), cv=cv)
plt.show()#顯示
```

輸出結果如圖 8.9 所示。

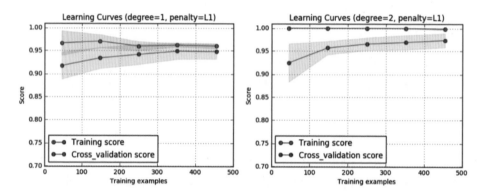

▲ 圖 8.9 乳腺癌分類模型學習曲線（$L1$ 範數）

當使用 $L2$ 範數為正則項，同時多項式階數為 1 或 2 時，畫出學習曲線，程式如下：

```
# 畫出penalty=L2的學習曲線
cv = ShuffleSplit(n_splits=10, test_size=0.2, random_state=0)
#交叉驗證類進行10次迭代，測試集佔0.2，其餘的都是訓練集
titles = 'Learning Curves (degree={0}, penalty=L2)'
degrees = [1, 2]
plt.figure(figsize=(12, 4), dpi=200)
for i in range(len(degrees)):
    plt.subplot(1, 2, i + 1)
    plot_learning_curve(polynomial_LogisticRegression_model(degrees[i]
, penalty='l2'), titles.format(degrees[i]), X, y, ylim=(0.7, 1.01), cv=cv)
plt.show()
```

輸出結果如圖 8.10 所示。

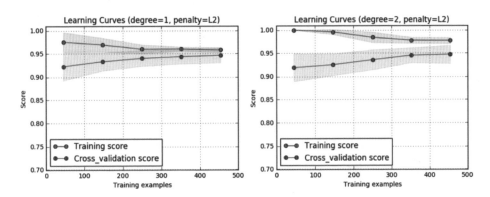

▲ 圖 8.10 乳腺癌分類模型學習曲線（L2 範數）

對比圖 8.9 和圖 8.10 可知，當邏輯回歸模型加入二次項並且使用 L1 正則項時，在訓練集和交叉驗證集上取得最好的得分，表明在這 4 種組合中，超參數 degree=2 並且 penalty='l1' 為最佳選擇。

8.6 辨識手寫數字的多元分類問題

【例 8.2】本例使用 scikit-learn 中 datasets 提供的手寫數字（0~9）的資料集，實現用邏輯回歸模型辨識手寫數字的多元分類問題。

本範例的資料集包含 1797 筆資料，每筆資料有 64 個特徵值，其實每一筆資料是 8×8 的像素點，每一個像素代表一個特徵值，64 個像素組成一幅 8×8 大小的手寫數字圖片。整個資料集中共有 1797 幅 0~9 數字的手寫圖片，共有 10 個類別。

8.6.1 匯入資料集

首先匯入需要用到的函數，包括提供資料集的 load_digits 函數、邏輯回歸模型 LogisticRegression 類別，以及畫圖相關的 matplotlib.pyplot 類別。具體程式如下：

```python
# -*- coding: utf-8 -*-
# 匯入相關模組
from sklearn.datasets import load_digits
from sklearn.linear_model import LogisticRegression
from sklearn import model_selection
import matplotlib.pyplot as plt
# 匯入資料集
load_data = load_digits()
X = load_data.data
y = load_data.target
```

可以查看資料集的大小、包含哪些屬性等：

```python
# 輸出資料集的維度
print('X.shape:',X.shape)
print('Y.shape:',y.shape)
# 輸出所有類別名稱
print('target_names:',load_data.target_names)
```

輸出結果如下：

```
X.shape: (1797, 64)
Y.shape: (1797,)
target_names: [0 1 2 3 4 5 6 7 8 9]
```

可以看出總共有 1797 筆資料，每筆資料有 64 個特徵值，其實每一筆資料是 8×8 的像素點，它代表一幅手寫的圖片，所有資料集中總共有 1797

幅 0~9 數字的手寫圖片,共有 10 個類別,這些類別對應 0~9 共 10 個數字。

下一步用 matplotlib.pyplot 的相關函數畫出其中一幅手寫數字,可以透過改變 load_data.images 陣列中的下標畫出不同的圖片,程式如下:

```
plt.gray()
plt.matshow(load_data.images[0])
plt.show()
```

執行上面的程式,輸出手寫數字 0,結果如圖 8.11 所示。

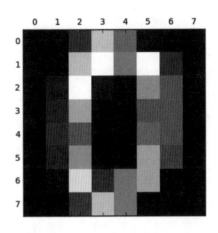

▲ 圖 8.11　手寫數字 0 的影像

8.6.2　模型訓練

匯入資料集後,下一步是將資料集拆分為訓練集和測試集,得到矩陣 X_train、X_test、y_train 和 y test,可以查看一下這些矩陣的維度。

```
# 拆分資料集為訓練集和測試集
X_train,X_test,y_train,y_test = model_selection.train_test_split(X,y
```

```
,test_size=0.3,random_state=20,shuffle=True)
# 輸出訓練集和測試集的矩陣維度
print('X_train.shape:',X_train.shape)
print('X_test.shape:',X_test.shape)
print('y_train.shape:',y_train.shape)
print('y_test.shape:',y_test.shape)
```

輸出結果如下：

```
X_train.shape: (1257, 64)
X_test.shape: (540, 64)
y_train.shape: (1257,)
y_test.shape: (540,)
```

然後，依然使用 scikit-learn 提供的 LogisticRegression 類別生成邏輯回歸模型。由於這次有 10 個類別（數字 0~9），因此屬於多元分類問題。LogisticRegression 類別有一個參數 multi_class，它的值可以為 auto、ovr和 multinomial，若 multi_class='ovr'，則模型用 OVR 方式處理分類問題；若 multi_class='multinomial'，則模型用 softmax 函數方式處理分類問題；若 multi_class='auto'，則對於二元分類問題會使用 OVR 方式，對於多元分類問題會使用 softmax 函數方式，但是它也可能受另一個參數 solver 設定值的影響。其實如果不指定模型參數，它會使用預設值，預設值是多少要看具體安裝的 scikit-learn 版本，版本不同時參數的預設值也可能不同。

下一步用訓練集資料訓練模型，模型訓練好後，可以用測試集的資料進行測試，這裡將測試集中編號 10~30 的圖片資料放入模型進行預測，然後輸出預測的數字類別和真實的數字序列做對比，具體程式如下：

```
# 生成模型
model = LogisticRegression()
```

```
# 訓練模型
model.fit(X_train,y_train)
# 預測測試集中編號10~30的圖片所屬的類別
y_predict = model.predict(X_test[10:30,])
# 輸出預測值與真實值
print('y_predictValue:',y_predict)
print('y_realValue   :',y_test[10:30])
```

輸出結果如下：

```
y_predictValue : [9 4 7 4 0 3 1 8 1 3 7 8 4 6 1 0 1 0 5 4]
y_realValue    : [9 4 7 4 0 1 1 8 1 3 7 8 4 6 1 0 1 0 5 4]
```

從預測值和真實值的序列對比中，可以看到有 1 個預測錯誤了，將手寫
數字 1 預測為 3，其他都預測正確。當然，這裡為了方便，只是取出一部
分測試集資料預測，模型的得分需要在整個測試集上測試之後才能計算
出來。

下面透過 model.score 函數計算模型的得分：

```
# 模型在訓練集上的準確率
trainData_score = model.score(X_train,y_train)
# 模型在測試集上的準確率
testData_score = model.score(X_test,y_test)
# 輸出得分
print('trainData_score:',trainData_score)
print('testData_score :',testData_score)
```

執行上面的程式，可以得到輸出：

```
trainData_score: 0.99522673031
testData_score : 0.968518518519
```

從輸出結果可以看到，模型在訓練集上的準確率為 99.5%，在測試集上的
準確率為 96.9%，可以得出結論，模型的準確率還是很高的。

最後可以查看訓練後的模型的參數，程式如下：

```
# 輸出模型的超參數
print(model.get_params())
# 輸出分類類別
print(model.classes_)
# 輸出模型訓練後得到的參數集矩陣的維度
print(model.coef_.shape)
# 輸出模型的bias
print(model.intercept_)
```

輸出結果如下：

```
{'C': 1.0, 'tol': 0.0001, 'intercept_scaling': 1, 'class_weight': None,
'dual': False, 'n_jobs': 1, 'random_state': None, 'multi_class': 'ovr',
'max_iter': 100, 'fit_intercept': True, 'warm_start': False, 'verbose': 0,
'penalty': 'l2', 'solver': 'liblinear'}
[0 1 2 3 4 5 6 7 8 9]
(10, 64)
[-0.02034494 -2.05308107 -0.03347119 -0.19021405  0.00499981 -0.09619307
 -0.04623045 -0.03202398 -2.0120772  -1.02117191]
```

從輸出結果可知，最後輸出模型的超參數中 multi_class 參數值為 ovr 且
solver 值為 liblinear，這表明在此例子中的邏輯回歸模型使用了 OVR 方
式處理多元分類問題。此外，model.coef_.shape 值為 [10, 64]，它表示模
型參數集 θ 矩陣的維度，總共有 10 組參數值，每組有 64 個。就像前面
說的，10 個類別的分類器，當使用 OVR 方式處理時，會將此多元分類問
題轉化為 10 個二元分類問題，故訓練後模型總共有 10 組參數，同時也
有 10 個偏差（bias）值，model.intercept_ 屬性就代表 bias。

8.6.3 模型最佳化

模型是否還能進一步最佳化呢？我們可以嘗試改變邏輯回歸模型的超參數，然後畫出學習曲線，可以更直觀地對比。這裡用到前面提到的函數 plot_learning_curve 來畫學習曲線圖，函數 plot_learning_curve 的程式在此處就不再列出了。

我們改變模型的超參數 multi_class 和 solver 的值，嘗試使用 softmax 方式處理多元分類問題，並將它與 OVR 方式做對比，看看模型效果如何，具體程式如下：

```
#交叉驗證類進行10次迭代
cv = ShuffleSplit(n_splits=10, test_size=0.2, random_state=0)
#設定版面尺寸，dpi是每英吋的像素點數
plt.figure(figsize=(12, 4), dpi=200)
title = 'Learning Curves (multi_class=ovr, solver=liblinear)'
plt.subplot(1, 2, 1)
#繪製OVR方式的學習曲線
plot_learning_curve(model, title, X, y, ylim=(0.85, 1.01), cv=cv)
title = 'Learning Curves (multi_class=multinomial, solver=newton-cg)'
plt.subplot(1, 2, 2)
#繪製softmax方式的學習曲線
plot_learning_curve(model2, title, X, y, ylim=(0.85, 1.01), cv=cv)
#顯示
plt.show()
```

輸出結果如圖 8.12 所示。

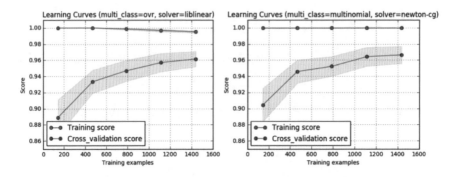

▲ 圖 8.12 OVR 和 softmax 的學習曲線

從圖 8.12 中可以看到，右圖比左圖在訓練集和交叉驗證集上都有更好的得分，故在本範例中，使用 softmax 方式訓練的多元分類模型有更好的表現。

8.7 本章小結

對於分類問題，邏輯回歸模型是最常用的機器學習演算法之一。本章介紹了邏輯回歸模型的預測函數、代價函數、損失函數及其正則化等方面的內容。此外，還介紹了處理多元分類問題的兩種方法及其原理。然後討論了模型最佳化方面的內容，包括判定邊界、L1 和 L2 正則項的特點和區別。最後用兩個案例探討如何用 scikit-learn 工具套件實現邏輯回歸模型，然後將其應用於預測乳腺癌為良性或惡性的二分類問題上，以及應用於辨識手寫數字的多元分類問題上。透過這兩個案例深入介紹了如何使用邏輯回歸模型解決實際問題，以及如何進行模型最佳化，提高模型的分類能力，從而加深讀者對機器學習模型訓練步驟和參數最佳化的理解。

8.8 複習題

（1）邏輯回歸是什麼？它有什麼特點？

（2）邏輯回歸模型的預測函數公式是什麼？與線性回歸的預測函數有什麼區別？

（3）邏輯回歸模型的代價函數和損失函數公式是什麼？它們具有什麼特點？

（4）建構一個邏輯回歸模型的具體步驟有哪些？

（5）L1 正則項和 L2 正則項有什麼區別？

（6）在邏輯回歸模型中，哪個公式影響判定邊界？

（7）如果要提高邏輯回歸模型的複雜性，可以做哪些改動？

（8）對於多元分類問題，可以用哪兩種方式來處理？它們各自有什麼特點？

（9）請簡單描述一下 OVR 方法的原理。

6.6 複習題

非線性分類和決策樹回歸

分 類指將樣本劃分到合適的預先定義的目標類中。分類演算法有多種
多樣的應用場景，被廣泛應用在各行各業。舉例來說，可以根據電
子郵件的內容、位址等資訊將郵件分類為垃圾郵件與普通郵件，鳶尾花
可以透過花萼長度、花萼寬度、花瓣長度、花瓣寬度區分出不同種類。

分類可以分為線性分類和非線性分類。

線性分類器是用一個「超平面」將待分類資料樣本隔離開，如圖 9.1 所
示。例如二維平面上的兩個樣本用一條直線來進行分類，三維立體空間
內的兩個樣本用一個平面來進行分類，N 維空間內的兩個樣本用一個超
平面來進行分類。線性分類器速度快、程式設計方便且便於理解，但是
擬合能力低。

非線性分類器是用一個「超曲面」或多個超平（曲）面的組合將待分類
資料樣本隔離開。如圖 9.2 所示。例如二維平面上的兩組樣本用一條曲線
或折線來進行分類，三維立體空間內的兩組樣本用一個曲面或折面來進

行分類，N 維空間內的兩組樣本用一個超曲面來進行分類。非線性分類器
擬合能力強，但是程式設計實現較複雜，理解難度大。

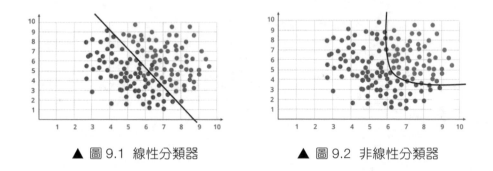

▲ 圖 9.1 線性分類器　　　　▲ 圖 9.2 非線性分類器

本章將要介紹的決策樹演算法就屬於非線性分類。

9.1 決策樹的特點

決策樹（Decision Tree）是一種用於分類和回歸的通用的無參數監督學習
方法。建立決策樹這種分類模型的目的是透過從資料特徵裡面學習簡單
的分類規則，從而來預測目標變數的值。一棵決策樹可以被看作是分段
常數近似。

比如，在如圖 9.3 所示的例子中，決策樹使用一系列的 if-then-else 決策
規則來學習資料，以近似擬合一條 sine 曲線。決策樹的深度越深，決策
規則越複雜，模型擬合得越好。

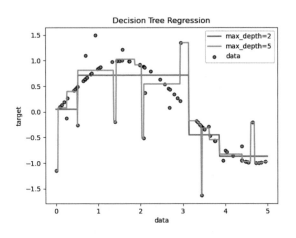

▲ 圖 9.3 決策樹回歸

決策樹有以下優點：

■ 易於理解和解釋。樹形結構可以被視覺化。

■ 需要的資料比較少。其他的分類方法經常要求將資料標準化，需要建立虛擬變數（Dummy Variable）以及移除空值。不過值得注意的是，該模型不支援遺漏值。

■ 使用決策樹進行資料預測的銷耗是參與訓練的資料點的個數的對數。

■ 能夠處理數值型態資料和類別型態資料。但是目前 scikit-learn 無法支援類別型態資料，而其他分類技術通常專注於分析只包含一種類型變數的資料集。

■ 能夠處理多輸出問題。

■ 使用白盒模型。如果給定的情形在模型中是可觀察的，那麼可以透過布林邏輯來簡單解釋。與之相反的是，黑盒模型（比如類神經網路）的結果通常難以解釋。

決策樹有以下缺點：

■ 決策樹學習器有可能產生過於複雜並且泛化能力差的樹，這種情況叫作過擬合。這種情況下我們可以透過採取剪枝、設定葉子點內樣本數量的最小值或設定樹的最大深度等機制來避免該問題的產生。

■ 決策樹有時候並不穩定，因為資料中的微小變化有時候會產生完全不一樣的樹。這種問題可以透過採用整合方法來減少。

■ 在多方面性能最佳甚至一些簡單概念的要求下，學習一棵最佳決策樹是被公認的 NP 完全問題。因此，在實際問題的處理中，決策樹學習演算法是基於啟發式演算法的，比如貪心演算法，這樣局部最最佳化決策可以在每個節點上進行。這種演算法無法保證能夠得到一棵全域最佳的決策樹，這種情況下，我們一般透過訓練整合學習器中的多棵樹來緩解其不利影響，而整合學習器中的特徵和樣本是採用有放回的隨機採樣得到的。

■ 有些概念（比如互斥、交錯、重複使用器等問題）難以學習，因為對決策樹來說難以極佳地去表達它們。

■ 如果有些類別佔據主導地位，決策樹可能會有偏差。所以我們一般推薦在擬合決策樹之前平衡一下資料集。

9.2 決策樹分類

DecisionTreeClassifier 是能夠執行多類別分類任務的類別。和其他分類器一樣，DecisionTreeClassifier 將兩個陣列作為輸入：一個是陣列 X，另一個是陣列 Y。其中，陣列 X 可以稀疏或稠密，用 (n_samples, n_features) 的形式來容納訓練資料；陣列 Y 由整數類型的值組成，以 (n_samples,) 的形式容納訓練資料的類別標籤。

下面我們用一個簡單的例子來說明這個類別的使用。

【例 9.1】sklearn 決策樹分類器的簡單使用。

```
from sklearn import tree
X = [[0, 0], [1, 1]]
Y = [0, 1]
clf = tree.DecisionTreeClassifier()
clf = clf.fit(X, Y)
```

在分類器擬合訓練資料之後，決策樹模型可以用來預測下列樣本的類別：

```
clf.predict([[2., 2.]])
```

這樣就會得到輸出結果：

```
array([1])
```

如果出現這樣的情況，多個類別都有相同且最高的預測機率值，分類器會返回這些類別中下標值最小的類別號。

DecisionTreeClassifier 可以執行二元分類（類標籤是 [-1,1]）和多分類（類標籤是 [0,…,K-1]）。

下面我們來看一下鳶尾花資料集的分類過程。

【例 9.2】鳶尾花分類。

```
#匯入鳶尾花資料集
from sklearn.datasets import load_iris
from sklearn import tree
iris = load_iris()
```

```
X, y = iris.data, iris.target
#使用決策樹分類器對鳶尾花進行分類
clf = tree.DecisionTreeClassifier()
clf = clf.fit(X, y)
```

我們可以用 export_graphviz 匯出器把樹以 graphviz 格式匯出。如果使用的是 Conda 套件管理器，Graphviz 二進位檔案和 Python 套件可以用 conda install python-graphviz 這行指令來安裝。

或可以從 Graphviz 專案首頁下載 Graphviz 的 EXE 檔案，然後設定環境變數。首先在使用者環境變數 PATH 中增加 Graphviz 資料夾的子資料夾的 bin 位址（如作者的位址為 C:\Program Files\Graphviz\bin），接著在系統變數 PATH 中增加可執行檔 dot.exe 的位址（如作者的位址為 C:\Program Files\Graphviz\bin\dot.exe）。之後重新啟動電腦，就可以在 Jupyter 中使用了。

下面是將上述鳶尾花資料集訓練出的決策樹用 Graphviz 匯出的例子，結果保存在輸出檔案 iris.pdf 裡面。

【例 9.3】匯出並保存決策樹。

```
import graphviz
dot_data = tree.export_graphviz(clf, out_file=None)
graph = graphviz.Source(dot_data)
graph.render("iris")
```

此外，export_graphviz 匯出器為了使圖示更加美觀，也支援多種選擇，比如根據每個類別來給節點塗色（或在回歸的情形下給值塗色），如果需要的話，可以在節點內標注使用的變數名稱以及該節點歸屬的類名。Jupyter Notebook 也可以自動內聯式繪製這些繪製節點。

【例 9.4】直接輸出決策樹。

```
import graphviz
dot_data = tree.export_graphviz(clf, out_file=None,
                    feature_names=iris.feature_names,
                    class_names=iris.target_names,
                    filled=True, rounded=True,
                    special_characters=True)
graph = graphviz.Source(dot_data)
```

鳶尾花決策樹分類結果用 export_graphviz 匯出的結果如圖 9.4 所示。

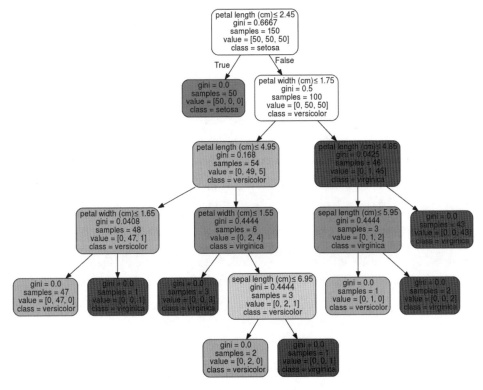

▲ 圖 9.4 鳶尾花決策樹分類結果用 export_graphviz 匯出

從上面決策樹狀視覺化的例子，我們可以看出決策樹是直觀的，並且便於解釋它的分類決策過程，這種模型通常稱為白盒模型。與之相反，我們通常把神經網路、隨機森林這種模型稱為黑盒模型。這些黑盒模型雖然做出了很好的預測，我們可以很輕鬆地檢查它們為做出這些預測而執行的計算。但是，通常我們很難用簡單的說明來解釋為什麼模型會做出這樣的預測。舉例來說，如果神經網路預測出某個人出現在圖片上，那麼很難知道是什麼原因導致神經網路模型做出這種預測，有可能是該模型辨識出這個人的眼睛、嘴巴、鼻子、衣服甚至他們使用的工具。而決策樹就不會有這種難以解釋的問題。它提供了簡單易懂的分類規則，如果需要的話，我們可以透過上面介紹的方法視覺化出這一決策過程。

9.3 決策樹回歸

決策樹也可用於回歸問題。所謂回歸，就是根據特徵向量來決定對應的輸出值。回歸樹就是將特徵空間劃分成若干單元，每一個單元都有一個特定的輸出。因為每個節點都是進行「是」和「否」的判斷，所以劃分的邊界是平行於坐標軸的。對於測試資料，我們只要按照特徵將其歸到某個單元，便可以得到對應的輸出值。劃分的過程也就是建立樹的過程，每劃分一次，隨即確定劃分單元對應的輸出，也就多了一個節點。當根據停止條件劃分終止的時候，最終每個單元的輸出也就確定了，也就是葉節點。

決策樹處理回歸問題時，我們使用 DecisionTreeRegressor 類別。與分類的設定一樣，這個類別的函數 fit 有兩個輸入參數：陣列 X 和 y，只有在這種情況下 y 才有可能是浮點值而非整數值。

下面舉一個例子來說明這個使用方法。

【例 9.5】sklearn 決策樹回歸器的簡單使用。

```
from sklearn import tree
X = [[0, 0], [2, 2]]
y = [0.5, 2.5]
clf = tree.DecisionTreeRegressor()
clf = clf.fit(X, y)
clf.predict([[1, 1]])
```

最終程式的返回結果是：

```
array([0.5])
```

我們可以看到，因為是回歸問題，所以決策樹模型返回的值是浮點值。

有了上面的回歸過程的應用範例，我們用表 9.1 的訓練資料集來建立一棵回歸決策樹。

表 9.1 回歸決策樹訓練資料

x	1	2	3	4	5	6	7	8	9	10
y	5.56	5.7	5.91	6.4	6.8	7.05	8.9	8.7	9	9.05

我們可以給決策樹的深度設定不同的值（如範例程式分別設定 max_depth 為 1 和 3），以觀察最後生成決策樹的形狀。

【例 9.6】決策樹回歸。

```
import numpy as np
import matplotlib.pyplot as plt
from sklearn.tree import DecisionTreeRegressor
# 表9.1的訓練資料
x = np.array(list(range(1, 11))).reshape(-1, 1)
```

```
y = np.array([5.56, 5.70, 5.91, 6.40, 6.80, 7.05, 8.90, 8.70, 9.00, 9.05]).
ravel()
# 訓練模型
model1 = DecisionTreeRegressor(max_depth=1)
model2 = DecisionTreeRegressor(max_depth=2)
model3 = DecisionTreeRegressor(max_depth=3)
model1.fit(x, y)
model2.fit(x, y)
model3.fit(x, y)
# 預測
X_test = np.arange(0.0, 10.0, 0.01)[:, np.newaxis]
y_1 = model1.predict(X_test)
y_2 = model2.predict(X_test)
y_3 = model3.predict(X_test)
# 將結果用圖畫出來
plt.figure()
plt.scatter(x, y, s=20, edgecolor="black",
            c="darkorange", label="data")
plt.plot(X_test, y_1, color="cornflowerblue",label="max_depth=1",
linewidth=2)
plt.plot(X_test, y_2, color="orangered", label="max_depth=2", linewidth=2)
plt.plot(X_test, y_3, color="yellowgreen", label="max_depth=3",
linewidth=2)
plt.xlabel("data")
plt.ylabel("target")
plt.title("Decision Tree Regression")
plt.legend()
plt.show()
```

最後程式執行得到的結果如圖 9.5 所示。

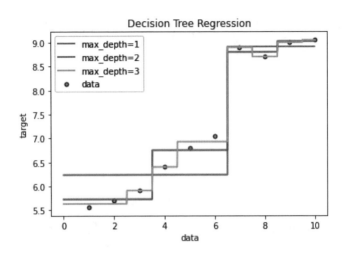

▲ 圖 9.5　表 9.1 訓練資料集的決策樹回歸結果

從圖 9.5 可以看到，舉出一組一維的訓練資料，最大深度為 1 的決策樹
（藍色）的規則非常簡單，結果由兩個分段函數組成，對資料的擬合較為
粗糙。如當 $x \leq 6.5$ 時，$y=6.23$；當 $x>6.5$ 時，$y=8.91$。整體來説，深度
為 1 的決策樹對資料的學習程度較低，表現為有些欠擬合。

$$y = \begin{cases} 6.23 & x \leq 6.5 \\ 8.91 & x > 6.5 \end{cases}$$

最大深度為 2 的決策樹（紅色）較為適中，既對訓練資料有一定的擬合
作用，規則也不會太過複雜。

而最大深度為 3 的決策樹（藍色）有些過擬合，一共有 5 個以上的分段
函數，對資料的擬合程度最高，但同時規則較為複雜。

由上述例子可以看出，可以透過設定幾個不同的最大深度值（max_
depth）並透過視覺化手段來決定決策樹的合適深度。

9.4 決策樹的複雜度及使用技巧

一般來說建構一個平衡二元樹的時間銷耗是 $O(n_{\text{samples}}n_{\text{features}}\log(n_{\text{samples}}))$，而查詢時間是 $O(\log(n_{\text{samples}}))$。

雖然構造決策樹的演算法會試著去產生平衡樹，但是不一定總是平衡的。假設子樹大致保持平衡，那麼每一個節點的銷耗包括透過 $O(n_{\text{features}})$ 的時間複雜度去搜索能夠提供最大熵減的特徵。這樣，每一個節點的時間銷耗是 $O(n_{\text{samples}}n_{\text{features}}\log(n_{\text{samples}}))$，導致整棵樹的總的時間銷耗是 $O\left(n_{\text{features}}n_{\text{samples}}^2\log(n_{\text{samples}})\right)$。

決策樹的使用技巧說明如下：

- 決策樹在訓練有大量特徵的資料集的時候容易過擬合。所以樣本數與特徵數的比例要適中這一點顯得尤其重要，因為如果一棵樹的樣本數很少，在高維空間裡就容易過擬合。

- 在訓練決策樹之前，可以考慮使用維精簡的方法（PCA、ICA 或特徵選擇等），這樣可能會選取到更加具有判別力的特徵。

- 了解決策樹結構有助我們明白決策樹是如何做出決策的，這對我們了解資料中的主要特徵來說很重要。

- 可以透過 export 函數來視覺化決策樹。建議先使用深度為 3 的決策樹狀視覺化來理解決策樹是如何擬合資料集的，再逐漸增加深度。

- 決策樹每向下生長多一層，所需要的樣本數就會加倍。建議使用 max_depth 來控制決策樹的生長，防止它過擬合。

- 可以使用 min_samples_split 或 min_samples_leaf 來控制葉子節點的樣本點數量。如果葉子節點裡面的樣本數量過少，通常説明決策樹是過擬合的，但是樣本數量過多的話，説明決策樹學習得不充分。建議一開始嘗試 min_samples_leaf=5 作為初值。如果各個葉子節點樣本的數量差別很大，可以使用浮點數來作為這兩個參數的百分比。min_samples_split 可以建立任意小的葉子節點，而 min_samples_leaf 保證每一個葉子節點有一個最小的樣本數目，從而避免在回歸問題裡出現低方差和過擬合的葉子節點。

- 要注意 min_samples_split 直接考慮的是樣本且與 sample_weight 無關（如果這個參數給定的話，一個節點擁有 m 個帶權樣本仍然被視作是含有 m 個樣本）。但如果節點分裂的時候要求考慮樣本權重的話，就要考慮 min_weight_fraction_leaf 和 min_impurity_decrease。

- 如果樣本集帶權，這時候使用基於權重的預剪枝標準（如 min_weight_fraction_leaf）將更加最佳化樹的結構，這確保葉子節點包含樣本權重總和的至少一小部分。

- 所有的決策樹內部都使用 np.float32 陣列。如果訓練資料集不是這種形式的話，那麼會自動生成一份拷貝。

- 如果輸入矩陣 X 非常稀疏，那麼最好在呼叫 fit 函數之前先把它轉換成稀疏的 csc_matrix，同樣，在呼叫 predict 函數之前也要是稀疏的 csc_matrix。相對於稠密矩陣，大部分樣本裡面包含數值為 0 的特徵值的稀疏矩陣，其訓練時間會快上幾個數量級。

9.5 決策樹演算法：ID3、C4.5 和 CART

常用的決策樹演算法有 ID3、C4.5、CART 等。這些演算法是怎樣的？它們之間有什麼差別？哪些是 scikit-learn 已經實現了的？本節將詳細介紹這些內容。

9.5.1 ID3 演算法

ID3 演算法是 1986 年由 Ross Quinlan 提出的，用來從資料集中生成決策樹。ID3 演算法在每個節點處選取能獲得最高資訊增益的分支屬性進行分裂。因此，在介紹 ID3 演算法之前，首先討論一下資訊增益的概念。

在每個決策節點處劃分分支並選取分支屬性的目的是將整個決策樹的樣本純度提升，而衡量樣本集合純度的指標是熵（entropy）。熵在資訊理論中被用來度量資訊量，熵越大，所含的有用資訊越多，其不確定性就越大；而熵越小，有用資訊越少，其確定性就越大。例如「北京是中國的首都」這句話非常確定，是常識，其含有的資訊量很少，所以熵的值就很小。在決策樹中，用熵來表示樣本集的不純度。如果某個樣本集合中只有一個類別，其確定性最高，熵為 0；反之，熵越大，越不確定，表示樣本集中的分類越多樣。

設 S 為數量為 n 的樣本集，其分類屬性有 m 個不同設定值，用來定義 m 個不同分類 $C_i(i=1,2,\cdots,m)$，則其熵的計算公式為：

$$\text{Entropy}(S) = -\Sigma_{i=1}^{m} p_i \log_2(p_i), p_i = \frac{|c_i|}{|n|} \qquad （公式 9.1）$$

比如，對於一個大小為 10 的樣本集 S，其中正值有 6 個，負值有 4 個，那麼這個樣本的熵為：

$$\text{Entropy}(S) = -\left(\frac{6}{10}\right)\log_2\left(\frac{6}{10}\right) - \left(\frac{4}{10}\right)\log_2\left(\frac{4}{10}\right) = 0.9710 \quad（公式 9.2）$$

從這個例子可以看出，正負值個數差不多，所以不確定性大，即熵值大。

計算出熵值後，我們可以將熵作為衡量樣本集合不純度的指標，接著就可以計算分支屬性對於樣本集合分類好壞程度的度量，也就是資訊增益。如果採用這個分支屬性導致分裂後樣本集合的純度提高，則樣本集合的熵值降低，降低的值即為資訊增益。

設 S 為樣本集，屬性 A 具有 n 個可能的設定值，如果採用 A 作為分支屬性，那麼我們能夠將樣本集合 S 劃分為 n 個子樣本集 $\{S_1, S_2, \cdots, S_n\}$。對於樣本集 S，以 A 為分支屬性的資訊增益 Gain(S, A)，其計算公式如下：

$$\text{Gain}(S, A)\,\text{Entropy}(S) - \Sigma_{i=1}^n \frac{|s_i|}{|s|}\text{Entropy}(S_i) \quad（公式 9.3）$$

一般情況下，使用 ID3 演算法進行分類時，由根節點透過計算資訊增益選取合適的屬性進行分裂，若新生成的節點的分類屬性不唯一，則對新生成的節點繼續進行分裂，不斷重複，直到所有樣本屬於同一類，或達到停止分類的條件為止。常見的停止分類的條件包括葉子節點數量超過設定值、決策樹達到預先設定的最大深度等。

ID3 演算法在分支處理上仍存在一些問題。ID3 演算法在根節點與其他內部節點的分支處理中，使用資訊增益指標來選擇分支屬性。由資訊增益公式可以發現，當分支屬性非常多的時候，該分支屬性的資訊增益會比較大。所以在 ID3 演算法中，往往會選擇設定值較多的分支屬性。但分支多的屬性不一定是最佳的，因為分支太多，可能相比之下這種分支屬性就無法提供太多的有用資訊。

9.5.2 C4.5 演算法

C4.5 是對 ID3 演算法的改良版，它的整體想法與 ID3 相似，都是透過構造決策樹進行分類，區別在於分支的處理，在分支屬性的選取上，ID3 演算法使用資訊增益作為度量，而 C4.5 演算法使用資訊增益率作為度量。

設 S 為樣本集，屬性 A 具有 n 個可能的設定值，如果採用 A 作為分支屬性，那麼我們能夠將樣本集合 S 劃分為 n 個子樣本集 $\{S_1, S_2, \cdots, S_n\}$。$Gain(S,A)$ 為屬性 A 對應的資訊增益，屬性 A 的資訊增益率 $Gain\_ratio$ 計算如下：

$$\text{Gain\_ratio}(A) = \frac{\text{Gain}(A)}{-\Sigma_{i=1}^{n} \frac{|s_i|}{|s|} \log_2 \frac{|s_i|}{|s|}}$$ （公式 9.4）

由資訊增益率公式可以看出，當 n 比較大的時候，資訊增益率會明顯降低，所以可以在一定程度上解決演算法偏向於選取分支較多的屬性的問題。

與 ID3 演算法相比，C4.5 演算法改進的地方主要是使用資訊增益率作為選取分支屬性的度量。此外，針對 ID3 演算法只能處理離散資料、容易出現過擬合等問題，C4.5 也做出了對應的改進。

9.5.3 CART 演算法

CART（Classification and Regression Tree，分類回歸樹）是建構決策樹的一種常用演算法。CART 的建構過程採用的是二分循環分割的方法，每次劃分都把當前樣本集劃分為兩個子樣本集，也就是每次決策樹節點分裂都會產生兩個分支，所以 CART 演算法產生的決策樹是一棵二元樹。

同樣地，CART 演算法在分支處理中選取分支屬性的度量指標是 Gini。設 S 為數量為 n 的樣本集，用來定義 m 個不同分類 $C_i(i=1,2,\cdots,m)$，則其 Gini 指標的計算公式為：

$$\text{Gini}(S) = 1 - \Sigma_{i=1}^{m} p_i^2 \qquad p_i = \frac{|c_i|}{s} \qquad （公式 9.5）$$

在 CART 演算法中，對於樣本集 S，選取屬性 A 作為分支屬性，將樣本集 S 分裂為 $A=a_1$ 的子樣本集 S_1，與其餘樣本組成的樣本集 S_2，則此情況下的 Gini 指標為：

$$\text{Gini}(S \mid A) = \frac{|s_1|}{|s|}\text{Gini}(S_1) + \frac{|s_2|}{|s|}\text{Gini}(S_2) \qquad （公式 9.6）$$

對於待分裂的節點，計算出所有可能的二元樹分支屬性的 Gini 指標，選取產生最小 Gini 指標的分支屬性。對於每次新生成的節點，若子樣本集的分類不唯一，則繼續分裂，直到分裂最終完成。

sklearn 使用 CART 演算法的最佳化版本。

【例 9.7】基於 sklearn 的 CART 演算法。

```
import numpy as np
import random
from sklearn import tree
from graphviz import Source
#隨機生成數字
np.random.seed(42)
#X矩陣隨機生成的數字大於10
X=np.random.randint(10, size=(100, 4))
#Y矩陣隨機生成的數字大於2
Y=np.random.randint(2, size=100)
a=np.column_stack((Y,X))
```

```
#樹的最大深度限制為3層
clf = tree.DecisionTreeClassifier(criterion='gini',max_depth=3)
clf = clf.fit(X, Y)
#訓練完成後視覺化顯示
graph = Source(tree.export_graphviz(clf, out_file=None))
graph.format = 'png'
graph.render('cart_tree',view=True)
```

透過建構決策樹，採用 Gini 作為指標對隨機生成的數字進行分類，訓練完之後將決策樹狀視覺化。程式中 export_graphviz 方法將決策樹匯出為DOT 格式，然後使用 Graphviz 函數庫中的 render() 方法將其轉化為圖片格式顯示出來，CART 演算法執行結果如圖 9.6 所示。

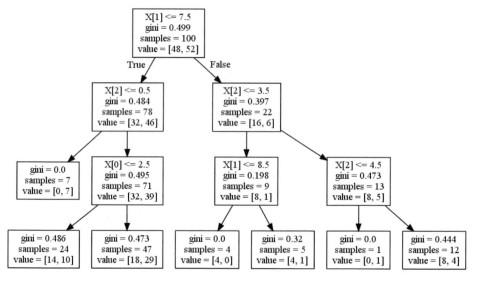

▲ 圖 9.6 CART 演算法執行結果

9.6 本章小結

決策樹是通用的機器學習方法，可以執行分類和回歸任務，甚至多輸出任務。它是一種功能強大的演算法，能夠擬合複雜的資料。

最常用的決策樹演算法有 ID3 演算法、C4.5 演算法和 CART 演算法等。

決策樹也是隨機森林的基本組成部分，它們是當今最強大的機器學習演算法之一。

9.7 複習題

（1） 如果決策樹過擬合訓練集，減少 max_depth 是否為一個好方法？

（2） 如果在包含 100 萬個實例的訓練集上訓練決策樹需要一個小時，那麼在包含 1000 萬個實例的訓練集上訓練決策樹，大概需要多長時間？

（3） C4.5 演算法與 ID3 演算法的區別是什麼？

整合方法：
從決策樹到隨機森林

整合方法的目標是把多個使用給定學習演算法建構的基估計器的預測
結果結合起來，從而獲得比單一估計器更好的泛化能力或堅固性。

整合方法通常分為兩種：

■ 平均方法。該方法的原理是建構多個獨立的估計器，然後取它們的預
   測結果的平均值。一般來說，組合之後的估計器會比單一估計器要
   好，因為它的方差減小了。例如 Bagging 方法、隨機森林。

■ Boosting 方法。在這個方法中，基估計器是依次建構的，並且每一個
   基估計器都嘗試去減少組合估計器的偏差。這種方法的主要目的是結
   合多個弱模型，使整合的模型更加強大。例如 AdaBoost 方法、梯度提
   升樹。

10.1 Bagging 元估計器

在整合演算法中，Bagging 方法會在原始訓練集的隨機子集上建構一類黑盒估計器的多個實例，然後把這些估計器的預測結果結合起來，形成最終的預測結果。該方法透過在建構模型的過程中引入隨機性來減少基估計器的方差（例如決策樹）。

在多數情況下，Bagging 方法提供了一種非常簡單的方式來對單一模型進行改進，而無須修改背後的演算法。因為 Bagging 方法可以減小過擬合，所以通常在強分類器和複雜模型上使用時表現得很好（例如完全生長的決策樹），相比之下 Boosting 方法則在弱模型上表現得更好（例如淺層決策樹）。

Bagging 方法有很多種，它們之間的主要區別在於隨機取出訓練子集的方法不同：

- 如果取出的資料集的隨機子集是範例的隨機子集，我們稱為貼上（Pasting）。
- 如果範例取出是有放回的，我們稱為 Bagging。
- 如果取出的資料集的隨機子集是特徵的隨機子集，我們稱為隨機子空間（Random Subspace）。
- 如果基估計器建構在對於樣本和特徵取出的子集之上，我們稱為隨機更新（Random Patche）。

在 sklearn 中，Bagging 方法使用統一的 BaggingClassifier（或 BaggingRegressor）元估計器，基估計器和隨機子集取出策略由使用者指定。max_samples 和 max_features 控制著子集的大小（對於範例和特徵），bootstrap 和 bootstrap_features 控制著範例和特徵的取出是有放回還是無放回的。當使用樣本子集時，透過設定 oob_score=True 可以使用袋外（out-of-bag）樣本來評估泛化精度。

下面的程式部分說明了如何構造一個 KNeighborsClassifier 估計器的 Bagging 整合實例，每一個基估計器都建立在 50% 的樣本隨機子集和 50% 的特徵隨機子集上。

【例 10.1】構造一個 KNeighborsClassifier 估計器的 Bagging 整合實例。

```
from sklearn.ensemble import BaggingClassifier
from sklearn.neighbors import KNeighborsClassifier
bagging = BaggingClassifier(KNeighborsClassifier(),max_samples=0.5, max_
features=0.5)
```

10.2　由隨機樹組成的森林

sklearn.ensemble 模組包含兩種基於隨機決策樹的平均演算法：RandomForest 演算法和 Extra-Trees 演算法。這兩種演算法都是專門為樹而設計的擾動和組合技術（perturb-and-combine technique）。這種技術透過在分類器構造過程中引入隨機性來建立一組不同的分類器。整合分類器的預測結果是單一分類器預測結果的平均值。

與其他分類器一樣，森林分類器必須擬合兩個陣列：一是保存訓練樣本的陣列 X，它可以是稀疏的或稠密的，它的大小為 [n_samples, n_features]；二是保存訓練樣本日標值（類標籤）的陣列 Y，大小為 [n_samples]。

【例 10.2】森林分類器。

```
from sklearn.ensemble import RandomForestClassifier
X = [[0, 0], [1, 1]]
Y = [0, 1]
clf = RandomForestClassifier(n_estimators=10)
clf = clf.fit(X, Y)
```

同決策樹一樣,隨機森林演算法也能用來解決多輸出問題(如果 Y 的大小是 [n_samples, n_outputs]))。

10.2.1 隨機森林

在隨機森林中,整合模型中的每棵樹建構時的樣本都是由訓練集經過有放回採樣得來的(例如自助採樣法)。

另外,在建構樹的過程中進行節點分割時,選擇的分割點是所有特徵的最佳分割點,或特徵的大小為 max_features 的隨機子集的最佳分割點。

這兩種隨機性的目的是降低估計器的方差。事實上,單棵決策樹通常具有較高的方差,容易過擬合。隨機森林建構過程的隨機性能夠產生具有不同預測錯誤的決策樹。透過取這些決策樹的平均值,能夠消除部分錯誤。隨機森林雖然能夠透過組合不同的樹降低方差,但是有時會略微增加偏差。在實際問題中,方差的降低通常更加顯著,所以隨機森林能夠取得更好的效果。

sklearn 的實現是取每個分類器預測機率的平均值,而非讓每個分類器對類別進行投票。

10.2.2 極限隨機樹

在極限隨機樹中，計算分割點的方法的隨機性進一步增強。

與隨機森林相同，使用的特徵是候選特徵的隨機子集，但是不同於隨機森林尋找最具有區分度的設定值，這裡的設定值是針對每個候選特徵隨機生成的，並且選擇這些隨機生成的設定值中的最佳者作為分割規則。

這種做法通常能夠減少一點模型的方差，代價則是略微地增大偏差。

【例 10.3】幾種常見的分類器比較。

```
from sklearn.model_selection import cross_val_score
from sklearn.datasets import make_blobs
from sklearn.ensemble import RandomForestClassifier
from sklearn.ensemble import ExtraTreesClassifier
from sklearn.tree import DecisionTreeClassifier
#產生聚類資料集
X, y = make_blobs(n_samples=10000, n_features=10, centers=100,
random_state=0)
#決策樹分類器
clf = DecisionTreeClassifier(max_depth=None, min_samples_split=2,
random_state=0)
scores = cross_val_score(clf, X, y, cv=5)
scores.mean()
#隨機森林分類器
clf = RandomForestClassifier(n_estimators=10, max_depth=None,
min_samples_split=2, random_state=0)
scores = cross_val_score(clf, X, y, cv=5)
scores.mean()
#極限隨機樹分類器
clf = ExtraTreesClassifier(n_estimators=10, max_depth=None,
min_samples_split=2, random_state=0)
```

```
scores = cross_val_score(clf, X, y, cv=5)
scores.mean()
```

make_blobs() 是 sklearn.datasets 中的函數，主要用於產生聚類資料集。我們使用這個函數產生具有 10 000 個樣本的資料集，分別採用決策樹分類器、隨機森林分類器以及極限隨機樹三種方法進行訓練，最後經過交叉驗證得到最終的準確率分別為 0.98、0.999、1.0。

10.2.3 參數

使用上一節提到的方法時要調整的參數主要是 n_estimators 和 max_features。n_estimators 是森林裡樹的數量，通常數量越大，效果越好，但是計算時間也會隨之增加。

此外要注意，當樹的數量超過一個臨界值之後，演算法的效果並不會很顯著地變好。max_features 是分割節點時考慮的特徵的隨機子集的大小。這個值越小，方差減小得越多，但是偏差的增大也越多。

根據經驗，回歸問題中使用 max_features=None（總是考慮所有的特徵），分類問題中使用 max_features="sqrt"（隨機考慮 sqrt(n_features) 特徵，其中 n_features 是特徵的個數）是比較好的預設值。

max_depth=None 和 min_samples_split=2 結合通常會有不錯的效果（即生成完全的樹）。

請記住，這些（預設）值通常不是最佳的，同時還可能消耗大量的記憶體，最佳參數值應由交叉驗證獲得。另外，請注意，在隨機森林中，預設使用自助採樣法（bootstrap=True），然而 extra-trees 的預設策略是使用整個資料集（bootstrap=False）。當使用自助採樣法採樣時，泛化精度是可以透過剩餘的或袋外的樣本來估算的，設定 oob_score=True 即可實現。

需要注意的是，預設參數下模型複雜度是 $O(M*N*log(N))$，其中 M 是樹的數目，N 是樣本數。 可以透過設定這些參數來降低模型複雜度：min_samples_split、max_leaf_nodes、max_depth 和 min_samples_leaf。

10.2.4 平行化

最後，這個模組還支援樹的平行建構和預測結果的平行計算，這可以透過 n_jobs 參數實現。如果設定 n_jobs=k，則計算被劃分為 k 個作業，並執行在機器的 k 個核心上。如果設定 n_jobs=-1，則使用機器的所有核心。注意由於處理程序間通訊具有一定的銷耗，這裡的加速並不是線性的（即使用 k 個作業不會快 k 倍）。當然，在建立大量的樹，或在巨量資料集上建構單一樹需要相當長的時間時，透過平行化仍然可以實現顯著的加速。

10.2.5 特徵重要性評估

特徵對目標變數預測的相對重要性可以透過（樹中的決策節點的）特徵使用的相對順序（即深度）進行評估。決策樹頂部使用的特徵對更大一部分輸入樣本的最終預測決策做出貢獻；因此，可以使用接受每個特徵對最終預測的貢獻的樣本比例來評估該特徵的相對重要性。scikit-learn 透過將特徵貢獻的樣本比例與純度減少相結合得到特徵的重要性。

透過對多個隨機樹中的預期貢獻率取平均值可以減少這種估計的方差，並將其用於特徵選擇。這被稱作平均純度減少或 MDI。

下面的例子展示了一個面部辨識任務中每個像素的相對重要性，其中重要性由顏色（的深淺）來表示，使用的模型是 RandomForestClassifier。

【例 10.4】運用隨機森林計算像素的重要性。

"""
這個例子展示了隨機森林計算圖片分類任務裡像素重要程度的使用方法。像素熱度越高,
越重要。
"""

```
# %%
# 載入資料集以及模型擬合
# -----------------------------------
#首先,我們載入Olivetti人臉資料集並且將資料集限制為只包含5種類別
#然後,我們用隨機森林訓練這個資料集並計算基於不純度的特徵重要性
#這個方法的缺點是它不能在一個單獨的測試集上進行計算
#對於這個例子,我們主要展示從完整的資料集裡面學到的資訊
#另外,我們會設定用於任務訓練用的核心數目
from sklearn.datasets import fetch_olivetti_faces
# %%
#我們選擇一定數量的核心來平行訓練森林模型,其中-1表示利用所有能夠使用的核心
n_jobs = -1
# %%
#載入人臉資料集
data = fetch_olivetti_faces()
X, y = data.data, data.target
# %%
#將資料集限制為5個類別
mask = y < 5
X = X[mask]
y = y[mask]
# %%
#運用隨機森林分類器去訓練資料集,最後計算特徵的重要性
from sklearn.ensemble import RandomForestClassifier
forest = RandomForestClassifier(n_estimators=750, n_jobs=n_jobs, random_
state=42)
forest.fit(X, y)
```

```
# %%
#基於平均不純度減少的特徵重要性
# --------------------------------------------------------------
#特徵重要性由擬合後的屬性feature_importances_提供，它們定義為每棵樹的不純度減
#少的累積的平均值和標準差
import time
import matplotlib.pyplot as plt
start_time = time.time()
img_shape = data.images[0].shape
importances = forest.feature_importances_
elapsed_time = time.time() - start_time
print(f"Elapsed time to compute the importances: {elapsed_time:.3f}
seconds")
imp_reshaped = importances.reshape(img_shape)
plt.matshow(imp_reshaped, cmap=plt.cm.hot)
plt.title("Pixel importances using impurity values")
plt.colorbar()
plt.show()
```

結果如圖 10.1 所示，其中像素點的熱度越高，像素越重要。

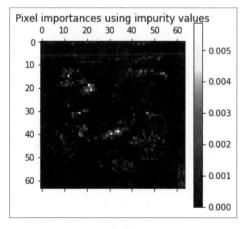

▲ 圖 10.1　像素的重要程度

在使用隨機森林分類器計算特徵重要程度的時候，我們把 RandomForest Classifier 函數的參數 n_jobs 設定為 -1，這樣就能使用機器的所有核心來進行平行化計算，計算速度大大提升。

實際上，對於訓練完成的模型，這些估計值儲存在 feature_importances 屬性中，這是一個大小為 (n_features,) 的陣列，其每個元素值為正，並且總和為 1.0。一個元素的估計值越高，其對應的特徵對預測函數的貢獻越大。

10.3 AdaBoost

模型 sklearn.ensemble 包含流行的提升演算法 AdaBoost，這個演算法是由 Freund 和 Schapire 在 1995 年提出來的。

10.3.1 AdaBoost 演算法

AdaBoost 的核心思想是用修正資料的權重來訓練一系列的弱學習器，而一個弱學習器模型僅比隨機猜測好一點，比如一個簡單的決策樹。由這些弱學習器的預測結果透過加權投票或加權求和的方式組合，得到我們最終的預測結果。

在每一次所謂的提升迭代中，資料的修改由應用於每一個訓練樣本的新的權重 $w_1, w_2, \cdots, w_N$ 組成，即修改每一個訓練樣本應用於新一輪學習器的權重。

初始化時，將所有弱學習器的權重都設定為 $w_i = \dfrac{1}{N}$，因此第一次迭代僅是透過原始數據訓練出一個弱學習器。在接下來的連續迭代中，樣本的權重一個一個被修改，學習演算法也因此要重新應用這些已經修改的權重。在替定的迭代中，那些在上一輪迭代中被預測為錯誤結果的樣本的權重將被增加，而那些被預測為正確結果的樣本的權重將被降低。隨著迭代次數的增加，那些難以預測的範例的影響將越來越大，每一個隨後的弱學習器都將被強迫更加關注那些在之前被錯誤預測的範例。

AdaBoost 演算法既可以用在分類問題中，也可以用在回歸問題中。

10.3.2 AdaBoost 使用方法

下面的例子展示了如何訓練一個包含 100 個弱學習器的 AdaBoost 分類器。

【例 10.5】訓練 AdaBoost 分類器。

```
from sklearn.model_selection import cross_val_score
from sklearn.datasets import load_iris
from sklearn.ensemble import AdaBoostClassifier
iris = load_iris()
clf = AdaBoostClassifier(n_estimators=100)
scores = cross_val_score(clf, iris.data, iris.target)
scores.mean()
```

結果返回 0.947。

弱學習器的數量由參數 n_estimators 來控制。參數 learning_rate 用來控制每個弱學習器的權重修改速率。

弱學習器預設使用決策樹。

不同的弱學習器可以透過參數 base_estimator 來指定。獲取一個好的預測結果主要需要調整的是 n_estimators 和 base_estimator 的複雜度,例如對於弱學習器為決策樹的情況,樹的深度 max_depth 和葉子節點的最小樣本數 min_samples_leaf 等都是控制樹的複雜度的參數。

10.4 梯度提升回歸樹

梯度提升回歸樹(GBRT)是對於任意的可微損失函數的提升演算法的泛化。GBRT 是一個準確高效的現有程式,它既能用於分類問題,也可以用於回歸問題。梯度提升回歸樹模型被應用到各種領域,包括網頁搜索排名和生態領域。

GBRT 的優點:

- 對混合型態資料的自然處理(異質特徵)。
- 強大的預測能力。
- 使用一些穩固的損失函數,對異常值的堅固性非常強,比如 Huber 損失函數和 Quantile 損失函數。

GBRT 的缺點:

- 可擴充性差。此處的可擴充性特指在更大規模的資料集或複雜度更高的模型上使用的能力,而非我們通常說的功能的擴充性。GBRT 支援自訂的損失函數,從這個角度看它的可擴充性還是很強的。由於提升演算法是有序的,也就是說下一步的結果依賴於上一步,因此很難做平行。

模組 sklearn.ensemble 透過梯度提升回歸樹提供了分類和回歸的方法。

10.4.1 分類

GradientBoostingClassifier 既支援二分類問題又支援多分類問題。下面的
例子展示了如何訓練一個包含 100 個決策樹弱學習器的梯度提升分類器。

【例 10.6】訓練 GradientBoosting 分類器。

```
from sklearn.datasets import make_hastie_10_2
from sklearn.ensemble import GradientBoostingClassifier
X, y = make_hastie_10_2(random_state=0)
X_train, X_test = X[:2000], X[2000:]
y_train, y_test = y[:2000], y[2000:]
clf = GradientBoostingClassifier(n_estimators=100, learning_rate=1.0,
max_depth=1, random_state=0).fit(X_train, y_train)
clf.score(X_test, y_test)
```

結果返回 0.913。

弱學習器（例如回歸樹）的數量由參數 n_estimators 來控制。

每棵樹的大小可以由參數 max_depth 設定樹的深度，或由參數 max_leaf_
nodes 設定葉子節點數目來控制。

learning_rate 是一個在 (0,1] 的超參數，這個參數透過 shrinkage（縮減步
進值）來控制過擬合。

需要注意的是，超過兩類的分類問題需要在每一次迭代時推導 n_classes
個回歸樹。因此，所有需要推導的樹數量等於 n_classes*n_estimators。對
於擁有大量類別的資料集，我們強烈推薦使用 RandomForestClassifier 來
代替 GradientBoostingClassifier。

10.4.2 回歸

對 於 回 歸 問 題，GradientBoostingRegressor 支 援 一 系 列 不 同 的 loss functions，這些損失函數可以透過參數 loss 來指定。對於回歸問題預設的損失函數是最小平方損失函數。

【例 10.7】訓練 GradientBoosting 回歸器。

```
import numpy as np
from sklearn.metrics import mean_squared_error
from sklearn.datasets import make_friedman1
from sklearn.ensemble import GradientBoostingRegressor
X, y = make_friedman1(n_samples=1200, random_state=0, noise=1.0)
X_train, X_test = X[:200], X[200:]
y_train, y_test = y[:200], y[200:]
est = GradientBoostingRegressor(n_estimators=100, learning_rate=0.1,
max_depth=1, random_state=0, loss='ls').fit(X_train, y_train)
mean_squared_error(y_test, est.predict(X_test))
```

最後返回均方誤差 mean_squared_error 的值 5.00。

以下程式碼部分展示了應用損失函數為最小平方損失，基學習器個數為 500 的 GradientBoostingRegressor 來 處 理 sklearn.datasets.load_boston 資料集的結果。

【例 10.8】GradientBoosting 回歸器在 sklearn.datasets.load_boston 資料集的使用。

```
"""
這個例子展示了梯度提升從弱學習器的整合產生一個更強的學習器。梯度提升可以用於分類和回歸的
任務。在本例中，我們會訓練糖尿病的回歸任務
"""
```

```python
import matplotlib.pyplot as plt
import numpy as np
from sklearn import datasets, ensemble
from sklearn.inspection import permutation_importance
from sklearn.metrics import mean_squared_error
from sklearn.model_selection import train_test_split
# %%
# 載入資料集
# -------------------------------------
diabetes = datasets.load_diabetes()
X, y = diabetes.data, diabetes.target
# %%
# 資料處理
# -------------------------------------
#這裡，我們會將90%的資料用於訓練，留下10%來測試
X_train, X_test, y_train, y_test = train_test_split(
    X, y, test_size=0.1, random_state=13
)
params = {
    "n_estimators": 500,
    "max_depth": 4,
    "min_samples_split": 5,
    "learning_rate": 0.01,
    "loss": "ls",
}
# %%
# 擬合回歸模型
# --------------------
reg = ensemble.GradientBoostingRegressor(**params)
reg.fit(X_train, y_train)
mse = mean_squared_error(y_test, reg.predict(X_test))
print("The mean squared error (MSE) on test set: {:.4f}".format(mse))
# %%
```

```
# 繪製訓練誤差
# ----------------------
test_score = np.zeros((params["n_estimators"],), dtype=np.float64)
for i, y_pred in enumerate(reg.staged_predict(X_test)):
    test_score[i] = reg.loss_(y_test, y_pred)
fig = plt.figure(figsize=(6, 6))
plt.subplot(1, 1, 1)
plt.title("Deviance")
plt.plot(
    np.arange(params["n_estimators"]) + 1,
    reg.train_score_,
    "b-",
    label="Training Set Deviance",
)
plt.plot(
    np.arange(params["n_estimators"]) + 1, test_score, "r-", label="Test
Set Deviance"
)
plt.legend(loc="upper right")
plt.xlabel("Boosting Iterations")
plt.ylabel("Deviance")
fig.tight_layout()
plt.show()
```

結果如圖 10.2 所示，表示每一次迭代的訓練誤差和測試誤差。每一次迭代的訓練誤差保存在提升樹模型的 train_score_ 屬性中，每一次迭代的測試誤差能夠透過 staged_predict 方法獲取，該方法返回一個生成器，用來產生每一個迭代的預測結果，可以用於決定最佳樹的數量，從而進行提前停止。

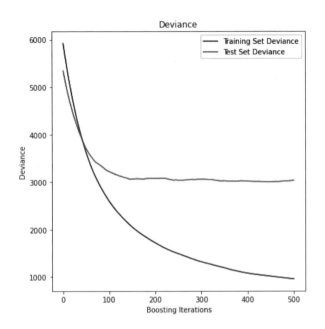

▲ 圖 10.2　訓練誤差和測試誤差

10.4.3　訓練額外的弱學習器

GradientBoostingRegressor 和 GradientBoostingClassifier 都支援設定參數 warm_start=True，這樣設定允許我們在已經訓練的模型上增加更多的學習器。

【例 10.9】在例 10.7 已訓練的模型上增加更多學習器。

```
_ = est.set_params(n_estimators=200, warm_start=True)
# 設定warm_start
_ = est.fit(X_train, y_train)
# 增加100棵樹到est模型上
mean_squared_error(y_test, est.predict(X_test))
```

結果返回均方誤差值 3.84。

10.4.4 控制樹的大小

回歸樹基學習器的大小定義了可以被梯度提升模型捕捉到的特徵相互作用（即多個特徵共同對預測產生影響）的程度。這裡有兩種控制單棵回歸樹大小的方法。

如果指定 max_depth=h，那麼將產生一個深度為 h 的完全二元樹。這棵樹最多會有 2^h 個葉子節點和 2^{h-1} 個切分節點。

另外，也能透過參數 max_leaf_nodes 指定葉子節點的數量來控制樹的大小。在這種情況下，樹將使用最佳優先搜索來生成，這種搜索方式是透過每次選取對不純度提升最大的節點來展開的。

我們發現 max_leaf_nodes=k 可以舉出與 max_depth=k-1 品質相當的結果，但是其訓練速度明顯更快，同時也會以多一點的訓練誤差作為代價。

10.4.5 數學公式

GBRT 可以認為是以下形式的可加模型：

$$F(x) = \sum_{m=1}^{M} \gamma_m h_m(x) \qquad （公式 10.1）$$

其中 $h_m(x)$ 是基本函數，在提升演算法場景中它通常被稱為弱學習器。梯度樹提升演算法使用固定大小的決策樹作為弱分類器，決策樹本身擁有的一些特性使它能夠在提升過程中變得有價值，即處理混合類型態資料和建構具有複雜功能模型的能力。

與其他提升演算法類似，GBRT 利用前向分步演算法思想建構加法模型：

$$F_m(x) = F_{m-1}(x) + \gamma_m h_m(x) \qquad （公式 10.2）$$

在每一個階段中，基於當前模型 F_{m-1} 和擬合函數 $F_{m-1}(x_i)$ 選擇合適的決策樹函數 $h_m(x)$，從而最小化損失函數 L。

$$F_m(x) = F_{m-1}(x) + \arg\min_h \sum_{i=1}^{n} L\big(y_i, F_{m-1}(x_i) - h(x)\big) \qquad （公式 10.3）$$

初始模型 F_0 根據不同的問題指定，對最小平方回歸來說，通常選擇目標值的平均值。

初始化模型也能夠透過 init 參數來指定，但傳遞的物件需要實現 fit 和 predict 函數。

梯度提升嘗試透過最速下降法以數字方式解決這個最小化問題。最速下降方向是在當前模型 F_{m-1} 下的損失函數的負梯度方向，其中模型 F_{m-1} 可以計算任何可微損失函數：

$$F_m(x) = F_{m-1}(x) + \gamma_m \sum_{i=1}^{n} \nabla_F L\big(y_i, F_{m-1}(x_i)\big) \qquad （公式 10.4）$$

其中步進值 γ_m 透過以下方式線性搜索獲得：

$$\gamma_m = \arg\min_\gamma \sum_{i=1}^{n} L\left(y_i, F_{m-1}(x_i) - \gamma \frac{\partial L(y_i, F_{m-1}(x_i))}{\partial F_{m-1}(x_i)}\right) \qquad （公式 10.5）$$

該演算法處理分類和回歸問題的不同之處在於具體損失函數的使用。

以下是目前支援的損失函數，具體損失函數可以透過參數 loss 指定。

（1） 回歸（Regression）

■ Least squares（ls）：由於其優越的計算性能，該損失函數成為回歸演算法中的自然選擇。損失函數的初值透過目標值的平均值舉出。

■ Least absolute deviation（lad）：回歸中具有堅固性的損失函數，損失函數的初值透過目標值的中值舉出。

■ Huber（huber）：回歸中另一個具有堅固性的損失函數，它是最小平方和最小絕對偏差兩者的結合。其利用 alpha 來控制模型對於異數的敏感度。

■ Quantile（quantile）：分位數回歸損失函數。

（2） 分類（Classification）

■ Binomial deviance（deviance）：對於二分類問題（提供機率估計），即負的二項 log 似然損失函數，模型以 log 的比值比來初始化。

■ Multinomial deviance（deviance）：對於多分類問題的負的多項 log 似然損失函數具有 n_classes 個互斥的類，提供機率估計，初始模型由每個類的先驗機率舉出。在每一次迭代中，n_classes 回歸樹被建構，這使得 GBRT 在處理多類別資料集時相當低效。

■ Exponential loss（exponential）：與 AdaBoostClassifier 具有相同的損失函數。與 deviance 相比，對被錯誤標記的樣本的堅固性較差，僅用於二分類問題。

10.4.6 正則化

1. 收縮率

一個簡單的正則化策略是透過一個因數 v 來衡量每個弱分類器對於最終結果的貢獻：

$$F_m(x) = F_{m-1}(x) + v\gamma_m h_m(x) \qquad （公式 10.6）$$

由於參數 v 可以控制梯度下降的步進值，因此也叫作學習率，它可以透過 learning_rate 參數來設定。

在訓練一定數量的弱分類器時，參數 learning_rate 和參數 n_estimators 之間有很強的限制關係。較小的 learning_rate 需要大量的弱分類器才能維持訓練誤差的穩定。經驗表明數值較小的 learning_rate 將得到更好的測試誤差。

我們推薦把 learning_rate 設定為一個較小的常數，例如 learning_rate=0.1，同時透過提前停止策略來選擇合適的 n_estimators。

2. 子採樣

隨機梯度提升這種方法將梯度提升和 Bagging 相結合。在每次迭代中，基分類器透過取出所有可利用訓練集中一小部分的子樣本來進行訓練，這些子樣本是透過無放回的方式採樣的。子樣本參數的值一般設定為 0.5。

如圖 10.3 所示，表明了收縮與否和子採樣對於模型擬合好壞的影響。我們可以明顯看到指定收縮率比沒有收縮擁有更好的表現。而將子採樣和收縮率相結合能進一步提高模型的準確率。相反，使用子採樣而不使用收縮的結果十分糟糕。

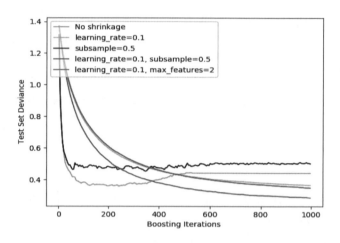

▲ 圖 10.3 收縮與否和子採樣對於模型擬合好壞的影響

另一個減少方差的策略是特徵子採樣,這種方法類似於 RandomForest Classifier 中的隨機分割。子採樣的特徵數可以透過參數 max_features 來控制。

採用一個較小的 max_features 值能大大縮減模型的訓練時間。

隨機梯度提升允許計算測試偏差的袋外(out-of-bag)估計值,方法是計算那些不在自助採樣之內的樣本偏差的改進。這個改進保存在屬性 oob_improvement_ 的 oob_improvement_[i] 中,如果將第 i 步增加到當前預測中,則可以改善 OOB 樣本的損失。

袋外估計可以使用在模型選擇中,例如決定最佳迭代次數。OOB 估計通常都很悲觀,因此我們推薦使用交叉驗證來代替它,但是當交叉驗證太耗時時,我們就只能使用 OOB 了。

3. 解釋性

透過簡單地視覺化樹結構很容易解釋單一決策樹，然而對梯度提升模型
來說，一般擁有數百棵回歸樹，將每一棵樹都視覺化來解釋整個模型是
很困難的。幸運的是，有很多關於複習和解釋梯度提升模型的技術。

4. 特徵重要性

大部分的情況下每個特徵對於預測目標的影響是不同的。在很多情形
下，大多數特徵和預測結果是無關的。當解釋一個模型時，第一個問題
通常是：這些重要的特徵是什麼？它們如何在預測目標方面產生積極的
影響？

單一決策樹本質上是透過選擇最佳切分點來進行特徵選擇的。這個資訊
可以用來評定每個特徵的重要性。其基本思想是：在樹的分割點中使用
的特徵越頻繁，特徵越重要。這個特徵重要性的概念可以透過簡單地平
均每棵樹的特徵重要性來擴充到決策樹集合。

對於一個訓練好的梯度提升模型，其特徵重要性分數可以透過屬性
feature_importances_ 查看。

【例 10.10】查看特徵重要性。

```
from sklearn.datasets import make_hastie_10_2
from sklearn.ensemble import GradientBoostingClassifier
X, y = make_hastie_10_2(random_state=0)
clf = GradientBoostingClassifier(n_estimators=100, learning_rate=1.0,
max_depth=1, random_state=0).fit(X, y)
clf.feature_importances_
```

結果返回如下：

```
array([0.10684213, 0.10461707, 0.11265447, 0.09863589,
0.09469133,0.10729306, 0.09163753, 0.09718194, 0.09581415, 0.09063242])
```

10.4.7 投票分類器

投票分類器（Voting Classifier）的原理是結合了多個不同的機器學習分類器，並且採用多數表決（硬投票）或平均預測機率（軟投票）的方式來預測分類標籤。這樣的分類器可以用於一組同樣表現良好的模型，以便平衡它們各自的弱點。

1. 多數類標籤（又稱為多數投票／硬投票）

在多數投票中，對於每個特定樣本的預測類別標籤是所有單獨分類器預測的類別標籤中票數佔據多數（模式）的類別標籤。

舉例來說，如果給定樣本的預測是：

- classifier 1 → class 1
- classifier 2 → class 1
- classifier 3 → class 2

class 1 佔據多數，透過 voting='hard' 參數設定投票分類器為多數表決方式，會得到該樣本的預測結果是 class 1。

在平局的情況下，投票分類器將根據昇冪排序順序選擇類標籤。舉例來說，場景如下：

- classifier 1 → class 2
- classifier 2 → class 1

這種情況下，class 1 將被指定為該樣本的類標籤。

【例 10.11】訓練多數規則分類器。

```
from sklearn import datasets
from sklearn.model_selection import cross_val_score
from sklearn.linear_model import LogisticRegression
from sklearn.naive_bayes import GaussianNB
from sklearn.ensemble import RandomForestClassifier
from sklearn.ensemble import VotingClassifier
iris = datasets.load_iris()
X, y = iris.data[:, 1:3], iris.target
clf1 = LogisticRegression(solver='lbfgs', multi_class='multinomial',
random_state=1)
clf2 = RandomForestClassifier(n_estimators=50, random_state=1)
clf3 = GaussianNB()
eclf = VotingClassifier(estimators=[('lr', clf1), ('rf', clf2), ('gnb',
clf3)], voting='hard')
for clf, label in zip([clf1, clf2, clf3, eclf], ['Logistic Regression',
'Random Forest', 'naive Bayes', 'Ensemble']):
    scores = cross_val_score(clf, X, y, cv=5, scoring='accuracy')
    print("Accuracy: %0.2f (+/- %0.2f) [%s]" % (scores.mean(), scores.
std(), label))
```

結果顯示如下：

```
Accuracy: 0.95 (+/-0.04) [Logistic Regression]
Accuracy: 0.94 (+/-0.04) [Random Forest]
Accuracy: 0.91 (+/-0.04) [naive Bayes]
Accuracy: 0.95 (+/-0.04) [Ensemble]
```

2. 加權平均機率（軟投票）

與多數投票（硬投票）相比，軟投票將類別標籤返回為預測機率之和的 argmax。

具體的權重可以透過權重參數 weights 分配給每個分類器。當提供權重參數 weights 時，收集每個分類器的預測分類機率，乘以分類器權重並取平均值。然後將具有最高平均機率的類別標籤確定為最終類別標籤。

為了用一個簡單的例子來說明這一點，假設我們有 3 個分類器和一個 3 類分類問題，我們給所有分類器指定相等的權重：$w_1=1$，$w_2=1$，$w_3=1$。

樣本的加權平均機率計算如表 10.1 所示。

表 10.1 樣本的加權平均機率計算

分 類 器	類 別 1	類 別 2	類 別 3
分類器 1	$w1 * 0.2$	$w1 * 0.5$	$w1 * 0.3$
分類器 2	$w2 * 0.6$	$w2 * 0.3$	$w2 * 0.1$
分類器 3	$w3 * 0.3$	$w3 * 0.4$	$w3 * 0.3$
加權平均機率	0.37	0.4	0.23

從表中可以看出，預測的類標籤是 2，因為它具有最大的平均機率。

3. 投票分類器在網格搜索中的應用

為了調整每個估計器的超參數，VotingClassifier 也可以和 GridSearchCV 一起使用。

【例 10.12】投票分類器在網格搜索中的應用。

```
from sklearn.model_selection import GridSearchCV
clf1 = LogisticRegression(random_state=1)
```

```
clf2 = RandomForestClassifier(random_state=1)
clf3 = GaussianNB()
eclf = VotingClassifier(estimators=[('lr', clf1), ('rf', clf2), ('gnb',
clf3)], voting='soft')
params = {'lr__C': [1.0, 100.0], 'rf__n_estimators': [20, 200],}
grid = GridSearchCV(estimator=eclf, param_grid=params, cv=5)
grid = grid.fit(iris.data, iris.target)
```

為了透過預測的類別機率來預測類別標籤，投票分類器中的學習器必須支援 predict_proba 方法：

```
eclf = VotingClassifier(estimators=[('lr', clf1), ('rf', clf2), ('gnb',
clf3)], voting='soft')
```

可選，也可以為單一分類器提供權重：

```
eclf = VotingClassifier(estimators=[('lr', clf1), ('rf', clf2), ('gnb',
clf3)], voting='soft', weights=[2,5,1])
```

10.4.8 投票回歸器

投票回歸器背後的思想是將概念上不同的機器學習回歸器組合起來，並返回平均預測值。這樣一個回歸器對於一組同樣表現良好的模型是有用的，以便平衡它們各自的弱點。

【例 10.13】匹配投票回歸器。

```
from sklearn import datasets
from sklearn.ensemble import GradientBoostingRegressor
from sklearn.ensemble import RandomForestRegressor
from sklearn.linear_model import LinearRegression
from sklearn.ensemble import VotingRegressor
# 載入資料集
boston = datasets.load_boston()
```

```
X = boston.data
y = boston.target
# 訓練分類器
reg1 = GradientBoostingRegressor(random_state=1, n_estimators=10)
reg2 = RandomForestRegressor(random_state=1, n_estimators=10)
reg3 = LinearRegression()
ereg = VotingRegressor(estimators=[('gb', reg1), ('rf', reg2), ('lr',
reg3)])
ereg = ereg.fit(X, y)
```

下面的例子展示了投票回歸器與個體回歸器的預測比較圖。

【例 10.14】投票回歸器與個體回歸器的預測比較。

```
"""
```
在本例中，我們會繪製出所有模型的預測結果以用於比較。
本例採用的資料集來自一組糖尿病人，共包含10個特徵。目標是一年後對疾病進展進行定
量測量。
```
"""
import matplotlib.pyplot as plt
from sklearn.datasets import load_diabetes
from sklearn.ensemble import GradientBoostingRegressor
from sklearn.ensemble import RandomForestRegressor
from sklearn.linear_model import LinearRegression
from sklearn.ensemble import VotingRegressor
# %%
# 訓練分類器
# --------------------------------
#首先，我們會載入糖尿病資料集並且初始化一個梯度提升回歸器、一個隨機森林回歸器和
一個線性回歸
#接下來，我們會使用3個回歸器去建構一個投票回歸器
X, y = load_diabetes(return_X_y=True)
# Train classifiers
```

```python
reg1 = GradientBoostingRegressor(random_state=1)
reg2 = RandomForestRegressor(random_state=1)
reg3 = LinearRegression()
reg1.fit(X, y)
reg2.fit(X, y)
reg3.fit(X, y)
ereg = VotingRegressor([("gb", reg1), ("rf", reg2), ("lr", reg3)])
ereg.fit(X, y)
# %%
# 做出預測
# -------------------------------
#現在我們使用每個回歸器來預測前20個測試資料
xt = X[:20]
pred1 = reg1.predict(xt)
pred2 = reg2.predict(xt)
pred3 = reg3.predict(xt)
pred4 = ereg.predict(xt)
# %%
# 將結果繪製出來
# -------------------------------
#最後，我們會將20個預測結果視覺化。紅星代表投票回歸器的預測結果
plt.figure()
plt.plot(pred1, "gd", label="GradientBoostingRegressor")
plt.plot(pred2, "b^", label="RandomForestRegressor")
plt.plot(pred3, "ys", label="LinearRegression")
plt.plot(pred4, "r*", ms=10, label="VotingRegressor")
plt.tick_params(axis="x", which="both", bottom=False, top=False,
labelbottom=False)
plt.ylabel("predicted")
plt.xlabel("training samples")
plt.legend(loc="best")
plt.title("Regressor predictions and their average")
plt.show()
```

從圖 10.4 我們可以看到，投票回歸器的預測值總是位於幾個個體回歸器的中間。因為它是幾個個體回歸器的平均。這樣做的好處是能夠減少預測值的方差。

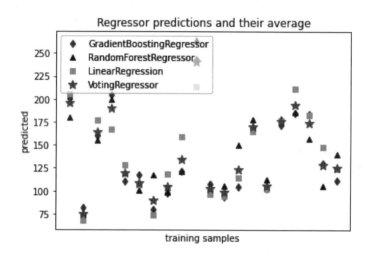

▲ 圖 10.4 投票回歸器與個體回歸器的預測比較圖

10.5 本章小結

整合學習是使用一系列估計器進行學習，並使用某種規則把各個學習結果統一成一個最終的決策，從而獲得比單一估計器更好的學習效果的機器學習方法。其中每個單獨的分類器稱為基分類器。整合方法通常分為兩種，一種是 Boosting 方法，該方法訓練基分類器時採用串列的方式，各個基分類器之間有一定的依賴性，代表方法有 AdaBoost、梯度提升樹。另一種方法是 Bagging，它與 Boosting 的串列訓練方式不同，Bagging 方法在訓練過程中，各個基分類器之間無強依賴關係，所以可以進行平行訓練，代表方法有基於決策樹基分類器的隨機森林。

整合學習方法在學界一直熱度不減，並且在業界和各種機器學習競賽中也大受歡迎，有很多成功的應用案例。

10.6 複習題

（1） 如果你已經在同一個資料集上訓練完畢 5 個不同的模型，並且這 5 個模型都已經達到 90% 以上的準確率，是否還有方法利用這 5 個模型以獲得更好的結果？

（2） 硬投票分類器和軟投票分類器有什麼區別？

（3） 如果採用 AdaBoost 演算法訓練資料但是發現結果欠擬合，應該如何調整超參數？

Chapter

11

從感知機到支援向量機

支援向量機（Support Vector Machine，SVM）是一個功能強大且全面的機器學習模型，它能夠實現以下監督學習任務：線性分類和非線性分類、回歸，甚至是異常值檢測。它是機器學習領域最受歡迎的模型之一。

支援向量機的優勢在於：

- 在高維空間中非常高效。
- 即使在資料維度比樣本數量大的情況下仍然有效。
- 在決策函數（稱為支援向量）中使用訓練集的子集，因此它也是高效利用記憶體的。
- 具有通用性，不同的核心函數與特定的決策函數一一對應。

支援向量機的缺點包括：

- 大規模訓練樣本的訓練時間較長。
- 解決多分類問題比較困難。

支援向量機特別適合進行中小型複雜資料集的分類。

11.1 線性支援向量機分類

線性支援向量機的思想可以透過以下例子來說明。

如圖 11.1 所示是 Iris 資料集中的樣本資料，可以看到我們很容易找到一條直線把這兩個類別直接分開，也就是說它們是線性可分的。

圖 11.1 左圖上畫出了 3 個可能的線性分類器的決策邊界，其中虛線效果最差，因為它無法將兩個類別區分開來。另外兩個看起來在訓練集上表現很好，但是它們的決策邊界與邊緣資料離得太近，所以如果有新資料引入的話，模型可能不會在新資料集上表現得和之前一樣好。

再看看右邊的圖，實線代表的是一個 SVM 分類器的決策邊界。其中兩條虛線上都有一些樣本實例，實線在這兩條虛線的中間。這條線不僅將兩個類別區分開來，同時它還與此決策邊界最近的訓練資料實例離得足夠遠。

我們可以把 SVM 分類器看成是在兩個類別之間建立一條盡可能寬的道路（這條道路就是右圖的兩條平行虛線），因此也可以稱為大間距分類（Large Margin Classification）。

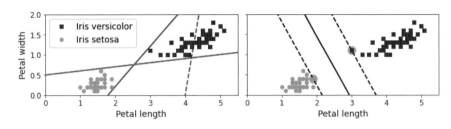

▲ 圖 11.1 大間距分類

可以看到的是，如果資料集中新增加的訓練資料在兩條平行線外側，則不
會對決策邊界產生任何影響，決策邊界僅由兩筆平行線（圖 11.1 右圖虛
線）上的資料決定。這些決策邊界上的資料實例稱為支援向量（Support
Vector），這些實例已在圖 11.1 右圖中用圓圈標記出來了。

11.1.1 線性支援向量機分類範例

【例 11.1】大間距分類。

```
from sklearn.svm import SVC
from sklearn import datasets
import matplotlib.pyplot as plt
#載入鳶尾花資料集
iris = datasets.load_iris()
#花瓣長度，花瓣寬度
X = iris["data"][:, (2, 3)]
y = iris["target"]
setosa_or_versicolor = (y == 0) | (y == 1)
X = X[setosa_or_versicolor]
y = y[setosa_or_versicolor]
# SVM分類器模型
svm_clf = SVC(kernel="linear", C=float("inf"))
svm_clf.fit(X, y)
```

```
# 較差的模型
x0 = np.linspace(0, 5.5, 200)
pred_1 = 5*x0 - 20
pred_2 = x0 - 1.8
pred_3 = 0.1 * x0 + 0.5
def plot_svc_decision_boundary(svm_clf, xmin, xmax):
    w = svm_clf.coef_[0]
    b = svm_clf.intercept_[0]
    # 在決策邊界，w0*x0 + w1*x1 + b = 0
    # => x1 = -w0/w1 * x0 - b/w1
    x0 = np.linspace(xmin, xmax, 200)
    decision_boundary = -w[0]/w[1] * x0 - b/w[1]
    margin = 1/w[1]
    gutter_up = decision_boundary + margin
    gutter_down = decision_boundary - margin
    svs = svm_clf.support_vectors_
    plt.scatter(svs[:, 0], svs[:, 1], s=180, facecolors='#FFAAAA')
    plt.plot(x0, decision_boundary, "k-", linewidth=2)
    plt.plot(x0, gutter_up, "k--", linewidth=2)
    plt.plot(x0, gutter_down, "k--", linewidth=2)
fig, axes = plt.subplots(ncols=2, figsize=(10,2.7), sharey=True)
plt.sca(axes[0])
plt.plot(x0, pred_1, "g--", linewidth=2)
plt.plot(x0, pred_2, "m-", linewidth=2)
plt.plot(x0, pred_3, "r-", linewidth=2)
plt.plot(X[:, 0][y==1], X[:, 1][y==1], "bs", label="Iris versicolor")
plt.plot(X[:, 0][y==0], X[:, 1][y==0], "yo", label="Iris setosa")
plt.xlabel("Petal length", fontsize=14)
plt.ylabel("Petal width", fontsize=14)
plt.legend(loc="upper left", fontsize=14)
plt.axis([0, 5.5, 0, 2])
plt.sca(axes[1])
plot_svc_decision_boundary(svm_clf, 0, 5.5)
```

```
plt.plot(X[:, 0][y==1], X[:, 1][y==1], "bs")
plt.plot(X[:, 0][y==0], X[:, 1][y==0], "yo")
plt.xlabel("Petal length", fontsize=14)
plt.axis([0, 5.5, 0, 2])
plt.show()
```

需要注意的是，支援向量機對特徵的設定值範圍非常敏感。

如圖 11.2 所示，在左邊的圖中，垂直座標的設定值範圍要遠大於水平座標的設定值範圍，所以支援向量機的「最寬的道路」非常接近水平線。

但在做了特徵縮放（feature scaling）後，垂直座標的設定值範圍與水平座標的設定值範圍差異變小。如使用 sklearn 的 StrandardScaler，決策邊界看起來較為理想（見圖 11.2 右圖）。

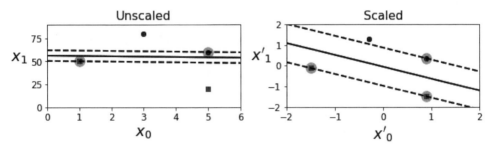

▲ 圖 11.2 支援向量機特徵是否縮放比較

【例 11.2】特徵縮放。

```
from sklearn.svm import SVC
import numpy as np
import matplotlib.pyplot as plt
Xs = np.array([[1, 50], [5, 20], [3, 80], [5, 60]]).astype(np.float64)
ys = np.array([0, 0, 1, 1])
svm_clf = SVC(kernel="linear", C=100)
svm_clf.fit(Xs, ys)
```

```
plt.figure(figsize=(9,2.7))
plt.subplot(121)
plt.plot(Xs[:, 0][ys==1], Xs[:, 1][ys==1], "bo")
plt.plot(Xs[:, 0][ys==0], Xs[:, 1][ys==0], "ms")
plot_svc_decision_boundary(svm_clf, 0, 6)
plt.xlabel("$x_0$", fontsize=20)
plt.ylabel("$x_1$     ", fontsize=20, rotation=0)
plt.title("Unscaled", fontsize=16)
plt.axis([0, 6, 0, 90])
from sklearn.preprocessing import StandardScaler
scaler = StandardScaler()
X_scaled = scaler.fit_transform(Xs)
svm_clf.fit(X_scaled, ys)
plt.subplot(122)
plt.plot(X_scaled[:, 0][ys==1], X_scaled[:, 1][ys==1], "bo")
plt.plot(X_scaled[:, 0][ys==0], X_scaled[:, 1][ys==0], "ms")
plot_svc_decision_boundary(svm_clf, -2, 2)
plt.xlabel("$x'_0$", fontsize=20)
plt.ylabel("$x'_1$  ", fontsize=20, rotation=0)
plt.title("Scaled", fontsize=16)
plt.axis([-2, 2, -2, 2])
```

11.1.2 軟間隔分類

從上面兩個例子我們可以看到，所有資料樣本都整齊地分佈在兩個不同
的類別中，所以我們可以很方便地找出一條決策邊界。但是，很多時候
資料分佈卻不是這樣的，經常是一個類別裡面混入一些其他類別的資
料，也就是異數。

如果我們嚴格地要求所有點都不在「道路」上並且被正確地分類，則稱
其為硬間隔分類（Hard Margin Classification）。

硬間隔分類中有兩個主要問題：

■ 僅在線性可分的情況下適用。

■ 對異數非常敏感。

下面我們用一個簡單的例子來說明一下這個過程。

如圖 11.3 所示，在左圖中，如果存在這種異數，則無法找到一個硬間隔。在右圖中，如果存在這種異數，則最終的決策邊界與前面無異常值的決策邊界會有很大的差異，並且它的泛化性能可能並不太好。因為它的「道路」的選擇受到異數的干擾。

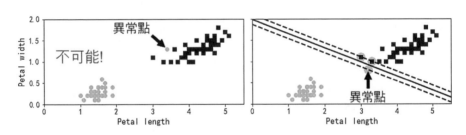

▲ 圖 11.3　硬間隔對異常值的敏感度

【例 11.3】硬間隔分類與異數。

```
from sklearn.svm import SVC
import numpy as np
import matplotlib.pyplot as plt
from sklearn import datasets
#載入鳶尾花資料集
iris = datasets.load_iris()
#花瓣長度，花瓣寬度
X - iris["data"][:, (2, 3)]
y = iris["target"]
setosa_or_versicolor = (y == 0) | (y == 1)
```

```
X = X[setosa_or_versicolor]
y = y[setosa_or_versicolor]
X_outliers = np.array([[3.4, 1.3], [3.2, 0.8]])
y_outliers = np.array([0, 0])
Xo1 = np.concatenate([X, X_outliers[:1]], axis=0)
yo1 = np.concatenate([y, y_outliers[:1]], axis=0)
Xo2 = np.concatenate([X, X_outliers[1:]], axis=0)
yo2 = np.concatenate([y, y_outliers[1:]], axis=0)
svm_clf2 = SVC(kernel="linear", C=10**9)
svm_clf2.fit(Xo2, yo2)
fig, axes = plt.subplots(ncols=2, figsize=(10,2.7), sharey=True)
plt.rcParams['font.sans-serif'] = ['SimHei']
plt.sca(axes[0])
plt.plot(Xo1[:, 0][yo1==1], Xo1[:, 1][yo1==1], "bs")
plt.plot(Xo1[:, 0][yo1==0], Xo1[:, 1][yo1==0], "yo")
plt.text(0.3, 1.0, "不可能!", fontsize=24, color="red")
plt.xlabel("Petal length", fontsize=14)
plt.ylabel("Petal width", fontsize=14)
plt.annotate("異數",
             xy=(X_outliers[0][0], X_outliers[0][1]),
             xytext=(2.5, 1.7),
             ha="center",
             arrowprops=dict(facecolor='black', shrink=0.1),
             fontsize=16,
            )
plt.axis([0, 5.5, 0, 2])
plt.sca(axes[1])
plt.plot(Xo2[:, 0][yo2==1], Xo2[:, 1][yo2==1], "bs")
plt.plot(Xo2[:, 0][yo2==0], Xo2[:, 1][yo2==0], "yo")
plot_svc_decision_boundary(svm_clf2, 0, 5.5)
plt.xlabel("Petal length", fontsize=14)
plt.annotate("異數",
             xy=(X_outliers[1][0], X_outliers[1][1]),
```

```
                 xytext=(3.2, 0.08),
                 ha="center",
                 arrowprops=dict(facecolor='black', shrink=0.1),
                 fontsize=16,
            )
plt.axis([0, 5.5, 0, 2])
plt.show()
```

為了避免這些情況,我們需要使用一個更靈活的模型。所以我們的目標
是:

- 盡可能保持「道路」足夠寬。
- 不合格的資料實例盡可能少一些。比如,資料實例在「道路」裡面,
  甚至越過道路進入另一側。我們把這些稱為間隔衝突。

在上面兩個目標之間找到一個良好的平衡。這個稱為軟間隔分類(Soft
Margin Classification)。

在 sklearn 建立 SVM 模型的時候,我們可以透過參數 C 控制這個平衡。
較小的 C 值會使得「道路」更寬,但是不合格的資料實例會更多。

如圖 11.4 所示,展示了兩個軟間隔 SVM 分類器在同一個非線性可分的資
料集上的決策邊界與間隔。

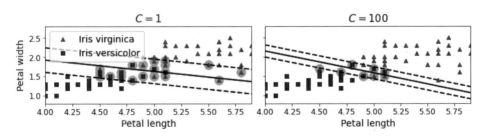

▲ 圖 11.4 大間隔(左)與更少的間隔衝突(右)

如果 C 設定值較小，那麼就會得到左圖的結果；相反，如果 C 設定值較
大，那麼就會得到右圖的結果。從上面兩個圖中我們可以看到，C 取較小
值的時候，「道路」看起來較寬，這樣進入「道路」或越過另一側的資料
實例較多；C 取較大值的時候，「道路」看起來較窄，進入「道路」或越
過另一側的資料實例較少。儘管如此，左側的圖的實際泛化能力更好。
如果出現支援向量機模型過擬合的情況，可以嘗試透過降低 C 值來對其
正則化。

下面是一個範例程式，載入 Iris 資料集，對特徵進行縮放，然後訓練一個
線性 SVM 模型（使用 LinearSVC 類別，指定 C=1 以及 hinge 損失函數）
用於檢測 Iris 的 virginica flower。模型的結果就是圖 11.4 中 C=1 時的圖。

【例 11.4】軟間隔分類。

```
import numpy as np
from sklearn import datasets
from sklearn.pipeline import Pipeline
from sklearn.preprocessing import StandardScaler
from sklearn.svm import LinearSVC
iris = datasets.load_iris()
#花瓣長度，寬度
X = iris["data"][:, (2, 3)]
#三類鳶尾屬植物之一Iris virginica
y = (iris["target"] == 2).astype(np.float64)
svm_clf = Pipeline([
        ("scaler", StandardScaler()),
        ("linear_svc", LinearSVC(C=1, loss="hinge", random_state=42)),
    ])
svm_clf.fit(X, y)
```

這樣生成的模型如圖 11.4 所示。

讀者可以利用這個訓練好的支援向量機分類器進行預測：

```
>>> svm_clf.predict([[5.5, 1.7]])
array([1.])
```

不過與邏輯回歸分類器不同的是，支援向量機分類器不會返回每個類的機率。

上面的程式也可以進行改寫，也可以使用 SVC 類別，使用 SVC(kernel= "linear", C=1)。但是它的速度會慢很多，特別是在訓練集非常大的情況下，所以並不推薦這種用法。

另一種用法是使用 SGDClassifier 類別，使用 SGDClassifier(loss="hinge", alpha=1/(m*C))。這樣會使用隨機梯度下降訓練一個線性 SVM 分類器。它的收斂不如 LinearSVC 類別快，但是在處理非常大的資料集（無法全部放入記憶體的規模）的非常適用，或處理線上分類任務時也比較適用。

LinearSVC 類別會對偏置項進行正則化，所以我們應該先透過減去訓練集的平均數使訓練集置中。如果使用 StandardScaler 處理資料，則這個會自動完成。此外，必須確保設定 loss 的超參數為 hinge，因為它不是預設的值。最後，為了性能更好，我們應該設定 dual 超參數為 False，除非資料集中的特徵數比訓練資料項目還要多。

11.2 非線性支援向量機分類

儘管 SVM 分類器非常高效，並且在很多場景下都非常實用，但是很多資料集並不是線性可分的。一個處理非線性資料集的方法是增加更多的特徵，例如多項式特徵。在某些情況下，這樣可以讓資料集變成線性可分。下面我們看看圖 11.5 左邊那個圖。

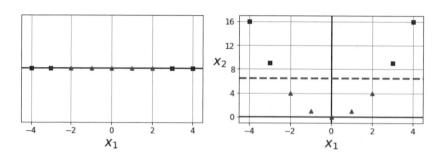

▲ 圖 11.5 透過增加特徵使資料集線性可分

它展示了一個簡單的資料集，只有一個特徵 x_1，這個資料集一看就知道不是線性可分的。但是如果我們增加一個特徵 $x_2=(x_1)^2$，則這個二維資料集便可以完美地線性可分。

使用 sklearn 實現這個功能時，我們可以建立一個 Pipeline，包含一個 PolynomialFeatures transformer，然後緊接著一個 StandardScaler 以及一個 LinearSVC。

下面我們使用 moons 資料集測試一下，這是一個用於二元分類的資料集，資料點以交錯半圓的形狀分佈，如圖 11.6 所示。

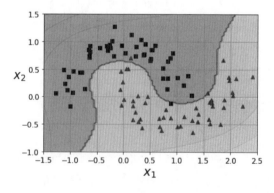

▲ 圖 11.6 使用多項式特徵的線性支援向量機分類器

我們可以使用 make_moons() 方法構造這個資料集。

【例 11.5】多項式特徵。

```
from sklearn.datasets import make_moons
from sklearn.pipeline import Pipeline
from sklearn.preprocessing import PolynomialFeatures
polynomial_svm_clf = Pipeline([
        ("poly_features", PolynomialFeatures(degree=3)),
        ("scaler", StandardScaler()),
        ("svm_clf", LinearSVC(C=10, loss="hinge", random_state=42))
    ])
polynomial_svm_clf.fit(X, y)
```

11.2.1 多項式核心

增加多項式特徵的辦法易於實現,並且適用於所有的機器學習演算法,而不僅是支援向量機。但是,如果多項式的次數較低的話,則無法處理非常複雜的資料集;而如果太高的話,會建立出非常多的特徵,讓模型速度變慢。

不過在使用支援向量機時,我們可以使用一個非常神奇的數學技巧,稱為核心技巧。它可以在不增加額外的多項式屬性的情況下,實現與之一樣的效果。這個方法在 SVC 類別中實現。下面我們繼續在 moons 資料集上進行測試。

【例 11.6】多項式核心。

```
from sklearn.svm import SVC
poly_kernel_svm_clf = Pipeline([
        ("scaler", StandardScaler()),
        ("svm_clf", SVC(kernel="poly", degree=3, coef0=1, C=5))
```

```
    ])
poly_kernel_svm_clf.fit(X, y)
poly100_kernel_svm_clf = Pipeline([
        ("scaler", StandardScaler()),
        ("svm_clf", SVC(kernel="poly", degree=10, coef0=100, C=5))
    ])
poly100_kernel_svm_clf.fit(X, y)
fig, axes = plt.subplots(ncols=2, figsize=(10.5, 4), sharey=True)
plt.sca(axes[0])
plot_predictions(poly_kernel_svm_clf, [-1.5, 2.45, -1, 1.5])
plot_dataset(X, y, [-1.5, 2.4, -1, 1.5])
plt.title(r"$d=3, r=1, C=5$", fontsize=18)
plt.sca(axes[1])
plot_predictions(poly100_kernel_svm_clf, [-1.5, 2.45, -1, 1.5])
plot_dataset(X, y, [-1.5, 2.4, -1, 1.5])
plt.title(r"$d=10, r=100, C=5$", fontsize=18)
plt.ylabel("")
plt.show()
```

上面的程式會使用一個 3 階多項式核心訓練一個 SVM 分類器，如圖 11.7
左圖所示。

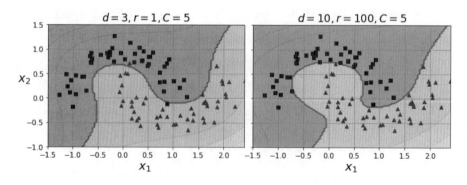

▲ 圖 11.7 多項式核心訓練的支援向量機

圖 11.7 右圖是另一個 SVM 分類器，使用的是 10 階多項式核心。很明顯，如果模型存在過擬合的現象，則可以減少多項式的階。反之，如果欠擬合，則可以嘗試增加它的階。超參數 coef0 控制的是多項式特徵影響模型的程度。

一個比較常見的搜索合適的超參數的方法是使用網格搜索。一般使用一個較大的網格搜索範圍快速搜索，然後用一個更精細的網格搜索範圍在最佳值附近再嘗試。最好能了解每個超參數是做什麼的，這樣有助設定超參數的搜索空間。

11.2.2 相似特徵

另一個處理非線性問題的技巧是增加一些特定的特徵，這些特徵由一個相似函數（Similarity Function）計算所得。這個相似函數衡量的是：對於每筆資料，它與一個特定地標（Landmark）的相似程度。

舉個例子，我們看一個之前討論過的一維資料集，給它加上兩個地標 x_1=-2 以及 x_1=1（如圖 11.8 左圖所示）。下面我們定義一個相似函數，高斯徑向基函數（Gaussian Radial Basis Function），並指定 γ=0.3，公式如下：

$$\phi_\gamma(x,\ell) = \exp(-\gamma\|x-\ell\|^2) \qquad （公式 11.1）$$

這個函數的影像是一個鐘形，設定值範圍是 0~1。越接近 0，離地標越遠；越接近 1，離地標越近；等於 1 時，就是在地標處。現在我們開始計算新特徵，舉例來說，我們可以看看 x_1=-1 的實例：它與第一個地標的距離是 1，與第二個地標的距離是 2。所以它的新特徵是，x_2=exp(-0.3×1^2) ≈ 0.74，x_3=exp(-0.3×2^2) ≈ 0.30。圖 11.8 右圖顯示的是

轉換後的資料集（剔除掉原先的特徵），可以很明顯地看到，現在資料集
已經變成是線性可分的。

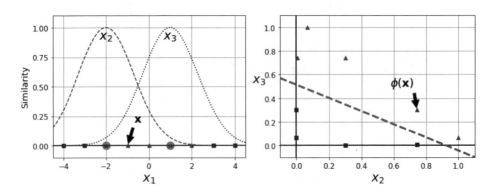

▲ 圖 11.8　使用高斯徑向基函數的相似特徵

關於如何選擇地標，最簡單的辦法是：在資料集中的每筆資料的位置建
立一個地標。這個會建立出非常多的維度，因此也可以讓轉換後訓練集
是線性可分的機率增加。缺點是，如果一個訓練集有 m 筆資料與 n 個特
徵，則在轉換後會有 m 筆資料與 m 個特徵（假設拋棄之前的特徵）。如果
訓練集非常大的話，則會有數量非常大的特徵數量。

【例 11.7】相似特徵。

```
import numpy as np
import matplotlib.pyplot as plt
X1D = np.linspace(-4, 4, 9).reshape(-1, 1)
X2D = np.c_[X1D, X1D**2]
def gaussian_rbf(x, landmark, gamma):
    return np.exp(-gamma * np.linalg.norm(x - landmark, axis=1)**2)
gamma = 0.3
x1s = np.linspace(-4.5, 4.5, 200).reshape(-1, 1)
x2s = gaussian_rbf(x1s, -2, gamma)
```

```
x3s = gaussian_rbf(x1s, 1, gamma)
XK = np.c_[gaussian_rbf(X1D, -2, gamma), gaussian_rbf(X1D, 1, gamma)]
yk = np.array([0, 0, 1, 1, 1, 1, 1, 0, 0])
plt.figure(figsize=(10.5, 4))
plt.subplot(121)
plt.grid(True, which='both')
plt.axhline(y=0, color='k')
plt.scatter(x=[-2, 1], y=[0, 0], s=150, alpha=0.5, c="red")
plt.plot(X1D[:, 0][yk==0], np.zeros(4), "bs")
plt.plot(X1D[:, 0][yk==1], np.zeros(5), "g^")
plt.plot(x1s, x2s, "g--")
plt.plot(x1s, x3s, "b:")
plt.gca().get_yaxis().set_ticks([0, 0.25, 0.5, 0.75, 1])
plt.xlabel(r"$x_1$", fontsize=20)
plt.ylabel(r"Similarity", fontsize=14)
plt.annotate(r'$\mathbf{x}$',
             xy=(X1D[3, 0], 0),
             xytext=(-0.5, 0.20),
             ha="center",
             arrowprops=dict(facecolor='black', shrink=0.1),
             fontsize=18,
            )
plt.text(-2, 0.9, "$x_2$", ha="center", fontsize=20)
plt.text(1, 0.9, "$x_3$", ha="center", fontsize=20)
plt.axis([-4.5, 4.5, -0.1, 1.1])
plt.subplot(122)
plt.grid(True, which='both')
plt.axhline(y=0, color='k')
plt.axvline(x=0, color='k')
plt.plot(XK[:, 0][yk==0], XK[:, 1][yk==0], "bs")
plt.plot(XK[:, 0][yk==1], XK[:, 1][yk==1], "g^")
plt.xlabel(r"$x_2$", fontsize=20)
```

```
plt.ylabel(r"$x_3$ ", fontsize=20, rotation=0)
plt.annotate(r'$\phi\left(\mathbf{x}\right)$',
             xy=(XK[3, 0], XK[3, 1]),
             xytext=(0.65, 0.50),
             ha="center",
             arrowprops=dict(facecolor='black', shrink=0.1),
             fontsize=18,
            )
plt.plot([-0.1, 1.1], [0.57, -0.1], "r--", linewidth=3)
plt.axis([-0.1, 1.1, -0.1, 1.1])
plt.subplots_adjust(right=1)
plt.show()
```

11.2.3 高斯 RBF 核心

與多項式特徵的方法一樣，相似特徵的方法在所有機器學習演算法中都
非常有用。但是它在計算所有的額外特徵時，計算的銷耗可能會非常
大，特別是在大型訓練集上。不過，在支援向量機中，使用核心技巧非
常好的一點是：它可以在不增加這些相似特徵的情況下，達到與增加這
些特徵相似的結果。下面我們使用 SVC 類別試一下高斯 RBF 核心：

```
rbf_kernel_svm_clf = Pipeline([
        ("scaler", StandardScaler()),
        ("svm_clf", SVC(kernel="rbf", gamma=5, C=0.001))
    ])
rbf_kernel_svm_clf.fit(X, y)
```

這個模型如圖 11.9 左下圖所示。

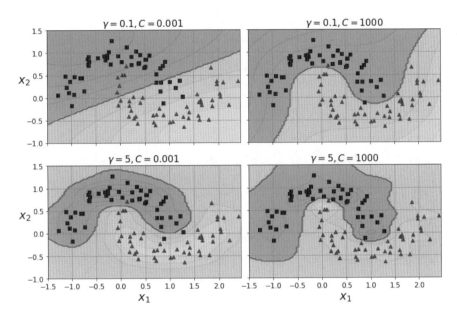

▲ 圖 11.9 使用 RBF 核心的支援向量機分類器

【 例 11.8 】高斯 RBF 核心。

```
from sklearn.svm import SVC
from sklearn.pipeline import Pipeline
from sklearn.preprocessing import StandardScaler
from sklearn.datasets import make_moons
X, y = make_moons(n_samples=100, noise=0.15, random_state=42)
def plot_predictions(clf, axes):
    x0s = np.linspace(axes[0], axes[1], 100)
    x1s = np.linspace(axes[2], axes[3], 100)
    x0, x1 = np.meshgrid(x0s, x1s)
    X = np.c_[x0.ravel(), x1.ravel()]
    y_pred = clf.predict(X).reshape(x0.shape)
    y_decision = clf.decision_function(X).reshape(x0.shape)
    plt.contourf(x0, x1, y_pred, cmap=plt.cm.brg, alpha=0.2)
```

```
    plt.contourf(x0, x1, y_decision, cmap=plt.cm.brg, alpha=0.1)
def plot_dataset(X, y, axes):
    plt.plot(X[:, 0][y==0], X[:, 1][y==0], "bs")
    plt.plot(X[:, 0][y==1], X[:, 1][y==1], "g^")
    plt.axis(axes)
    plt.grid(True, which='both')
    plt.xlabel(r"$x_1$", fontsize=20)
    plt.ylabel(r"$x_2$", fontsize=20, rotation=0)
gamma1, gamma2 = 0.1, 5
C1, C2 = 0.001, 1000
hyperparams = (gamma1, C1), (gamma1, C2), (gamma2, C1), (gamma2, C2)
svm_clfs = []
for gamma, C in hyperparams:
    rbf_kernel_svm_clf = Pipeline([
            ("scaler", StandardScaler()),
            ("svm_clf", SVC(kernel="rbf", gamma=gamma, C=C))
        ])
    rbf_kernel_svm_clf.fit(X, y)
    svm_clfs.append(rbf_kernel_svm_clf)
fig, axes = plt.subplots(nrows=2, ncols=2, figsize=(10.5, 7), sharex=True,
sharey=True)
for i, svm_clf in enumerate(svm_clfs):
    plt.sca(axes[i // 2, i % 2])
    plot_predictions(svm_clf, [-1.5, 2.45, -1, 1.5])
    plot_dataset(X, y, [-1.5, 2.45, -1, 1.5])
    gamma, C = hyperparams[i]
    plt.title(r"$\gamma = {}, C = {}$".format(gamma, C), fontsize=16)
    if i in (0, 1):
        plt.xlabel("")
    if i in (1, 3):
        plt.ylabel("")
plt.show()
```

其他圖代表的是使用不同的超參數 gamma(γ) 與 C 訓練出來的模型。增加 gamma 值可以讓鐘型曲線更窄（如圖 11.8 左圖所示），並最終導致每個資料實例的影響範圍更小：決策邊界最終變的更不規則，更貼近各個實例。與之相反，較小的 gamma 值會讓鐘型曲線更寬，所以實例有更大的影響範圍，並最終導致決策邊界更平滑。所以 gamma 值的作用類似於一個正則化超參數，如果模型有過擬合，則應該減少此值；而如果模型有欠擬合，則應該增加此值（與超參數 C 類似）。

當然也存在其他核心，但是使用得非常少。舉例來説，有些核心僅用於特定的資料結構。String Kernel 有時候用於分類文字文件或 DNA 序列。

有這麼多的核心可供使用，到底如何選擇呢？根據經驗，首先應該嘗試線性核心（之前提到過 LinearSVC 比 SVC(kernel='linear') 速度快得多），特別是訓練集非常大，或是有特別多特徵的情況下。如果訓練集並不是很大，我們也可以嘗試高斯 RBF 核心，它在大多數情況下都非常好用。如果我們還有充足的時間以及運算資源的話，也可以使用交叉驗證與網格搜索試驗性地嘗試幾個其他核心，尤其是在存在某些核心特別適合這個訓練集資料結構的時候。

11.2.4 計算複雜度

LinearSVC 類別基於 liblinear 函數庫，它為線性 SVM 實現了一個最佳化的演算法。它並不支援核心方法，但是它與訓練實例的數量和特徵數量幾乎呈線性相關，它的訓練時間複雜度大約是 $O(m \times n)$。

如果對模型精確度要求很高的話，演算法執行的時間更長。這個由容差超參數 ε（在 sklearn 中稱為 tol）決定。在大部分分類問題中，使用預設的 tol 即可。

SVC 類別基於 libsvm 函數庫，它實現了一個支援核心技巧的演算法，訓練時間複雜度一般在 $O(m^2 \times n)$ 與 $O(m^3 \times n)$ 之間。也就是說，在訓練資料項目非常大（例如幾十萬筆）時，它的速度會下降到非常慢。所以這個演算法適用於問題複雜但是訓練資料集為小型態資料集或中型態資料集的情況。不過它還是可以良好地適應特徵數量的增加，特別是對於稀疏特徵（例如每筆資料都幾乎沒有非 0 特徵）。在這種情況下，演算法複雜度大致與實例的平均非零特徵數呈比例。

表 11.1 對比了 sklearn 中用於 SVM 分類的類別。

表 11.1　用於 SVM 分類的 sklearn 類別的比較

類別	時間複雜度	需要縮放	核心技巧
LinearSVC	$O(m \times n)$	是	否
SGDClassifier	$O(m \times n)$	是	否
SVC	$O(m^2 \times n)$ 到 $O(m^3 \times n)$	是	是

11.3　支援向量機回歸

支援向量分類的方法可以被擴充用作解決回歸問題。這個方法被稱作支援向量回歸。

支援向量分類生成的模型只依賴於訓練集的子集，因為建構模型的損失函數不在乎邊緣之外的訓練點。同理，支援向量回歸生成的模型只依賴於訓練集的子集，因為建構模型的損失函數忽略任何接近模型預測的訓練資料。

它的主要思想是逆轉目標：在分類問題中，需要在兩個類別中擬合盡可能寬的「道路」（也就是使間隔增大），同時限制間隔衝突；而在支援向量機回歸中，它會嘗試盡可能地擬合更多的資料實例到「道路」（間隔）上，同時限制間隔衝突（也就是指遠離道路的實例）。道路的寬度由超參數 ε 控制。

圖 11.10 展示的是兩個線性支援向量機回歸模型在一些隨機線性資料上訓練之後的結果，其中一個有較大的間隔（ε=1.5），另一個的間隔較小（ε=0.5）。

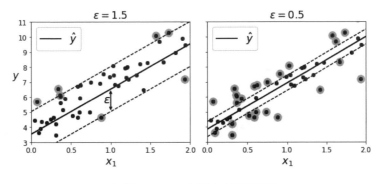

▲ 圖 11.10 支援向量機回歸

如果後續增加的訓練資料封包含在間隔內，則不會對模型的預測產生影響，所以這個模型也被稱為 ε 不敏感。

【例 11.9】線性支援向量機回歸。

```
from sklearn.svm import LinearSVR
import numpy as np
import matplotlib.pyplot as plt
np.random.seed(42)
m = 50
X = 2 * np.random.rand(m, 1)
```

```
y = (4 + 3 * X + np.random.randn(m, 1)).ravel()
svm_reg = LinearSVR(epsilon=1.5, random_state=42)
svm_reg.fit(X, y)
svm_reg1 = LinearSVR(epsilon=1.5, random_state=42)
svm_reg2 = LinearSVR(epsilon=0.5, random_state=42)
svm_reg1.fit(X, y)
svm_reg2.fit(X, y)
def find_support_vectors(svm_reg, X, y):
    y_pred = svm_reg.predict(X)
    off_margin = (np.abs(y - y_pred) >= svm_reg.epsilon)
    return np.argwhere(off_margin)
svm_reg1.support_ = find_support_vectors(svm_reg1, X, y)
svm_reg2.support_ = find_support_vectors(svm_reg2, X, y)
eps_x1 = 1
eps_y_pred = svm_reg1.predict([[eps_x1]])
def plot_svm_regression(svm_reg, X, y, axes):
    x1s = np.linspace(axes[0], axes[1], 100).reshape(100, 1)
    y_pred = svm_reg.predict(x1s)
    plt.plot(x1s, y_pred, "k-", linewidth=2, label=r"$\hat{y}$")
    plt.plot(x1s, y_pred + svm_reg.epsilon, "k--")
    plt.plot(x1s, y_pred - svm_reg.epsilon, "k--")
    plt.scatter(X[svm_reg.support_], y[svm_reg.support_], s=180,
facecolors='#FFAAAA')
    plt.plot(X, y, "bo")
    plt.xlabel(r"$x_1$", fontsize=18)
    plt.legend(loc="upper left", fontsize=18)
    plt.axis(axes)
fig, axes = plt.subplots(ncols=2, figsize=(9, 4), sharey=True)
plt.sca(axes[0])
plot_svm_regression(svm_reg1, X, y, [0, 2, 3, 11])
plt.title(r"$\epsilon = {}$".format(svm_reg1.epsilon), fontsize=18)
plt.ylabel(r"$y$", fontsize=18, rotation=0)
plt.annotate(
```

```
        '', xy=(eps_x1, eps_y_pred), xycoords='data',
        xytext=(eps_x1, eps_y_pred - svm_reg1.epsilon),
        textcoords='data', arrowprops={'arrowstyle': '<->', 'linewidth':
1.5}
    )
plt.text(0.91, 5.6, r"$\epsilon$", fontsize=20)
plt.sca(axes[1])
plot_svm_regression(svm_reg2, X, y, [0, 2, 3, 11])
plt.title(r"$\epsilon = {}$".format(svm_reg2.epsilon), fontsize=18)
plt.show()
```

注意，訓練資料需要先做縮放以及中心化的操作，中心化又叫零平均值化，是指變數減去它的平均值。其實就是一個平移的過程，平移後所有資料的中心是 (0, 0)。

在處理非線性的回歸任務時，也可以使用核心化的支援向量機模型。舉例來說，圖 11.11 展示的是 SVM 回歸在一個隨機的二次訓練集上的表現，使用的是二階多項式核心。

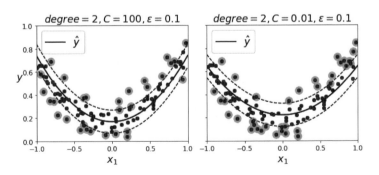

▲ 圖 11.11 使用二階多項式核心的支援向量機回歸

左邊的圖中幾乎沒有正則化（超參數 C 的值較大），而右邊圖中過度正則化（超參數 C 的值較小）。

下面的程式使用 sklearn SVR 類別（支援核心方法）生成圖 11.11 中圖的對應模型。SVR 類別等於分類問題中的 SVC 類別，並且 LinearSVR 類別等於分類問題中的 LinearSVC 類別。LinearSVR 類別與訓練集的大小線性相關（與 LinearSVC 類別一樣），而 SVR 類別在訓練集劇增時，速度會嚴重下降（與 SVC 類別一致）。

【例 11.10】二階多項式核心的支援向量機回歸。

```python
from sklearn.svm import SVR
import matplotlib.pyplot as plt
import numpy as np
np.random.seed(42)
m = 100
X = 2 * np.random.rand(m, 1) - 1
y = (0.2 + 0.1 * X + 0.5 * X**2 + np.random.randn(m, 1)/10).ravel()
def plot_svm_regression(svm_reg, X, y, axes):
    x1s = np.linspace(axes[0], axes[1], 100).reshape(100, 1)
    y_pred = svm_reg.predict(x1s)
    plt.plot(x1s, y_pred, "k-", linewidth=2, label=r"$\hat{y}$")
    plt.plot(x1s, y_pred + svm_reg.epsilon, "k--")
    plt.plot(x1s, y_pred - svm_reg.epsilon, "k--")
    plt.scatter(X[svm_reg.support_], y[svm_reg.support_], s=180,
facecolors='#FFAAAA')
    plt.plot(X, y, "bo")
    plt.xlabel(r"$x_1$", fontsize=18)
    plt.legend(loc="upper left", fontsize=18)
    plt.axis(axes)
svm_poly_reg1 = SVR(kernel="poly", degree=2, C=100, epsilon=0.1,
gamma="scale")
svm_poly_reg2 = SVR(kernel="poly", degree=2, C=0.01, epsilon=0.1,
gamma="scale")
svm_poly_reg1.fit(X, y)
```

```
svm_poly_reg2.fit(X, y)
fig, axes = plt.subplots(ncols=2, figsize=(9, 4), sharey=True)
plt.sca(axes[0])
plot_svm_regression(svm_poly_reg1, X, y, [-1, 1, 0, 1])
plt.title(r"$degree={}, C={}, \epsilon = {}$".format(svm_poly_reg1.degree,
svm_poly_reg1.C, svm_poly_reg1.epsilon), fontsize=18)
plt.ylabel(r"$y$", fontsize=18, rotation=0)
plt.sca(axes[1])
plot_svm_regression(svm_poly_reg2, X, y, [-1, 1, 0, 1])
plt.title(r"$degree={}, C={}, \epsilon = {}$".format(svm_poly_reg2.degree,
svm_poly_reg2.C, svm_poly_reg2.epsilon), fontsize=18)
plt.show()
```

11.4 本章小結

支援向量機是一種二分類模型，它能夠實現以下監督學習任務：線性分類和非線性分類、回歸，甚至是異常值檢測。它的基本模型是定義在特徵空間上的間隔最大的線性分類器，間隔最大使它有別於感知機。如果我們嚴格要求所有點被正確分類，則稱為硬間隔分類。不過，很多時候資料集會包含一些異數，使得我們很難找出一條準確的決策邊界。為了靈活處理這種情況，我們想要讓間隔最大並且分類不合格的資料少一些，在這兩個目標之間找到的平衡，稱為軟間隔分類。支援向量機還包括核心技巧，這使它成為實質上的非線性分類器。除了分類任務外，支援向量機分類的方法可以被擴充用作解決回歸問題。

11.5 複習題

（1） 支援向量機的基本思想是什麼？

（2） 什麼是支援向量？

（3） 使用支援向量機時為什麼要對輸入值進行縮放？

從感知機到類神經網路

人類從鳥類那裡得到啟發發明了飛機,從蝙蝠那裡得到啟發發明了雷達。大自然啟發人類實現了無數的發明創造。透過研究大腦來製造智慧型機器也符合這個邏輯。類神經網路(ANN)就是沿著這筆邏輯誕生的:類神經網路是受大腦中的生物神經元啟發而獲得的機器學習模型。但是,雖然飛機是受鳥類啟發而來的,但是飛機卻不用揮動翅膀。同樣,類神經網路和生物神經元網路也具有不同的特點。一些研究者甚至認為,應該徹底摒棄這種生物學類比。舉例來說,用「單元」取代「神經元」的稱呼,以免人們將創造力侷限於生物學系統的合理性上。

類神經網路是深度學習的核心,它用途廣泛,功能強大,易於擴充,這讓類神經網路適宜處理龐大且複雜的機器學習任務,例如對數十億幅圖片分類(例如 Google 圖片)、語音辨識(例如蘋果的 Siri)、向數億使用者每天推薦視訊(例如 Youtube),或學習幾百個圍棋世界冠軍下棋(例如 DeepMind 的 AlphaGo)。

12.1 從神經元到類神經元

首先，讓我們回顧一下類神經網路的發展歷程。

頗讓人驚訝的地方是，其實 ANN 已經誕生相當長時間了：神經生理學家 Warren McCulloch 和數學家 Walter Pitts 在 1943 年第一次提出了 ANN。在他們里程碑的論文 A Logical Calculus of Ideas Immanent in Nervous Activity 中，McCulloch 和 Pitts 介紹了一個簡單的計算模型，關於生物大腦的神經元是如何透過命題邏輯協作工作的。這是第一個 ANN 架構，後來才出現了更多的 ANN 架構。

ANN 的早期成功讓人們廣泛相信，人類馬上就能造出真正的智慧型機器了。20 世紀 60 年代，當這個想法落空時，資金流向了其他地方，ANN 進入了寒冬。20 世紀 80 年代早期，誕生了新的神經網路架構和新的訓練方法，聯結主義（研究神經網路）復甦，但是進展很慢。到了 20 世紀 90 年代，出現了一批強大的機器學習方法，比如支援向量機。這些新方法的結果更優，也比 ANN 具有更紮實的理論基礎，神經網路研究又一次進入寒冬。我們正在經歷的是第三次神經網路浪潮。這波浪潮會像前兩次那樣嗎？這一次與前兩次有所不同，它會對我們的生活產生更大的影響，理由如下：

我們現在有更多的資料可用於訓練神經網路，在大而複雜的問題上，ANN 比其他 ML 技術表現得更好：

- 自從 20 世紀 90 年代開始，運算能力突飛猛進，現在已經可以在理想的時間內訓練出大規模的神經網路了。一部分原因是莫爾定律（在過去 50 年間，積體電路中的元件數每兩年就翻了一倍），另外要歸功於遊戲產業，後者生產出了強大的 GPU 顯示卡。還有，雲端平台使得任何人都能使用這些運算能力。

■ 訓練演算法獲得了提升。雖然相比 20 世紀 90 年代演算法變化不大，但相對較小的改進卻產生了非常大的影響。

■ 在實踐中，類神經網路的一些理論侷限沒有那麼強。舉例來說，許多人認為類神經網路訓練演算法效果一般，因為它們很可能陷入局部最佳，但事實證明，這在實踐中是相當罕見的（或如果局部最佳發生，也通常相當接近全域最佳）。

■ ANN 已經進入了資金和發展的良性循環。基於 ANN 的驚豔產品常常上頭條，從而吸引了越來越多的關注和資金，促進越來越多的進步和更驚豔的產品。

12.1.1　生物神經元

在討論類神經元之前，先來看看生物神經元（見圖 12.1）。這是動物大腦中一種看起來不尋常的細胞，包括細胞體（含有細胞核心和大部分細胞組織）、許多似乎樹枝的樹突和一條非常長的軸突。軸突的長度可能是細胞體的幾倍，也可能是一萬倍。在軸突的末梢，軸突會分裂成許多分支，在這些分支的頂端是稱為突觸的微小結構，突觸連接著其他神經元的樹突或細胞體。

生物神經元會產生被稱為「動作電位」（AP，或稱為訊號）的短促電脈衝，訊號沿軸突傳遞，使突觸釋放出被稱為神經遞質的化學訊號。如果神經元在幾毫秒內接收了足夠量的神經遞質，這個神經元也會發送電脈衝（事實上，要取決於神經遞質，一些神經遞質會禁止發送電脈衝）。

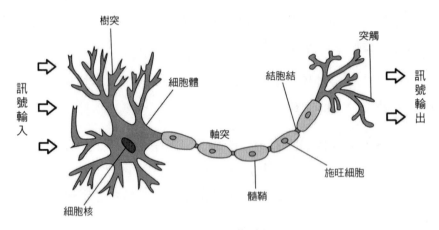

▲ 圖 12.1 生物神經元

獨立的生物神經元就是這樣工作的，神經元處於數十億神經元的網路中，每個神經元都連接著幾千個神經元。簡單的神經元網路可以完成高度複雜的計算，好像螞蟻齊心協力就能建成複雜的蟻塚一樣。生物神經網路（BNN）如今仍是活躍的研究領域，人們透過繪製部分大腦的結構，發現神經元分佈在連續的皮層上，尤其是在大腦皮質（大腦外層）上。

12.1.2 神經元的邏輯計算

McCulloch 和 Pitts 提出了一個非常簡單的生物神經元模型，這個模型後來演化成了類神經元。它具有一個或多個二元（開或關）輸入，以及一個二元輸出。當達到一定的輸入量時，神經元就會被啟動產生輸出。在他們的論文中，兩位作者證明就算用如此簡單的模型也可以架設一個可以完成任何邏輯命題計算的神經網路。

為了展示網路是如何執行的，我們親手架設一些不同邏輯計算的 ANN（見圖 12.2），假設有兩個活躍的輸入，神經元就被啟動。

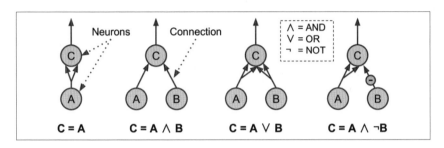

▲ 圖 12.2 不同邏輯計算的 ANN

這些網路的邏輯計算如下：

- 左邊第一個網路是恒等函數：如果神經元 A 被啟動，那麼神經元 C 也被啟動（因為它接收來自神經元 A 的兩個輸入訊號）；但是，如果神經元 A 關閉，那麼神經元 C 也關閉。

- 第二個網路執行邏輯 AND：神經元 C 只有在啟動神經元 A 和 B（單一輸入訊號不足以啟動神經元 C）時才被啟動。

- 第三個網路執行邏輯 OR：如果神經元 A 或神經元 B 被啟動（或兩者），則神經元 C 被啟動。

- 最後，如果我們假設輸入連接可以抑制神經元的活動（生物神經元是這樣的情況），那麼第 4 個網路計算一個稍微複雜的邏輯命題：如果神經元 B 關閉，只有當神經元 A 是啟動的，神經元 C 才被啟動。如果神經元 A 始終是啟動的，那麼將得到一個邏輯 NOT：神經元 C 在神經元 B 關閉時是啟動的，反之亦然。

我們很容易想到，如何將這些網路組合起來用於計算複雜的邏輯運算式。

舉例來說，使用圖 12.2 中的神經元繪製一個如圖 12.3 所示用於計算 A ⊕ B 的 ANN。其中 ⊕ 表示 XOR 操作。

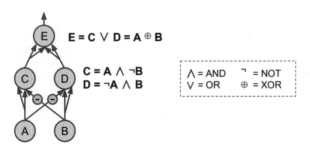

▲ 圖 12.3 計算 XOR 的神經元網路

12.2 感知機

感知機是最簡單的類神經網路結構之一，由 Frank Rosenblatt 於 1957 年發明。它基於一種稍微不同的類神經元（見圖 12.4），稱為設定值邏輯單元（TLU），或稱為線性設定值單元（LTU）。

它的輸入和輸出是數字（而非二元開 / 關值），並且每個輸入連接都有一個權重。TLU 計算其輸入的加權和（$z=w_1x_1+w_2x_2+\cdots+w_nx_n=x^\mathrm{T}w$），然後將步階函數應用於該和，並輸出結果 $h_w(x)=\mathrm{step}(z)$，其中 $z=x^\mathrm{T}w$。

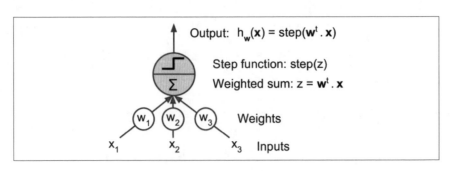

▲ 圖 12.4 感知機

感知機的啟動函數可以有很多選擇，比如我們可以選擇下面這個步階函數 f（見公式 12.1）來作為啟動函數（我們假設設定值等於 0）：

$$f(z) = \begin{cases} 1 & z > 0 \\ 0 & \text{其他} \end{cases} \qquad （公式 12.1）$$

單一 TLU 可用於簡單的線性二元分類。它計算輸入的線性組合，如果結果超過設定值，和邏輯回歸分類或線性支援向量機分類一樣，也是輸出正類或輸出負類。舉例來說，使用單一 TLU 基於花瓣長度和寬度對鳶尾花進行分類。訓練 TLU 表示去尋找合適的 w_0、w_1 和 w_2 值。

感知機只由一層 TLU 組成，每個 TLU 連接到所有輸入。當一層的神經元連接著前一層的每個神經元時，該層被稱為全連接層。感知機的輸入來自輸入神經元，輸入神經元只輸出從輸入層接收的任何輸入。所有的輸入神經元都位於輸入層。此外，通常再增加一個偏置特徵（x_0=1），這種偏置特性通常用一種稱為偏置神經元的特殊類型神經元來表示，它總是輸出 1。圖 12.5 展示了一個具有兩個輸入和三個輸出的感知機，它可以將實例同時分為三個不同的二母類別，這使它成為一個多輸出分類器。

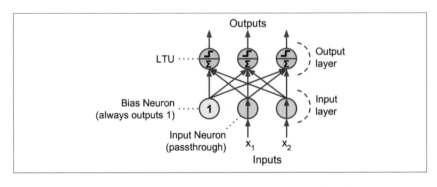

▲ 圖 12.5 具有兩個輸入和三個輸出的感知機

借助線性代數，利用公式 12.2 可以方便地同時計算出幾個實例的一層神經網路的輸出。

$$h_{w,b}(X)=\phi(XW+b) \qquad （公式 12.2）$$

在這個公式中：

- X 表示輸入特徵矩陣，每行是一個實例，每列是一個特徵。
- 權重矩陣 W 包含所有的連接權重，除了偏置神經元外。每有一個輸入神經元權重矩陣就有一行，神經層每有一個神經元權重矩陣就有一列。
- 偏置量 b 含有所有偏置神經元和類神經元的連接權重。每有一個類神經元就對應一個偏置項。
- 函數 ϕ 被稱為啟動函數，當類神經網路是 TLU 時，啟動函數是步階函數。

那麼感知機是如何訓練的呢？ Frank Rosenblatt 提出的感知機訓練演算法在很大程度上受到 Hebb 規則的啟發。在 1949 出版的《行為組織》一書中，Donald Hebb 提出，當一個生物神經元經常觸發另一個神經元時，這兩個神經元之間的聯繫就會變得更強。這個規則後來被稱為 Hebb 規則。

我們使用這個規則的變形來訓練感知機，該規則考慮了網路所犯的誤差。更具體地，感知機一次被輸送一個訓練實例，對於每個實例進行預測。對於每一個產生錯誤預測的輸出神經元，修正輸入的連接權重，以獲得正確的預測。公式 12.3 展示了 Hebb 規則。

$$w_{i,j}^{(next\,step)} = w_{i,j} +\eta(y_j - \hat{y}_j)x_i \qquad （公式 12.3）$$

在這個公式中：

- $w_{i,j}$ 是第 i 個輸入神經元與第 j 個輸出神經元之間的連接權重。

- x_i 是當前訓練實例的第 i 個輸入值。
- $\hat{y}_j$ 是當前訓練實例的第 j 個輸出神經元的輸出,它是一個預估值。
- y_i 是當前訓練實例的第 j 個輸出神經元的目標輸出,它是一個目標值。
- η 是學習率。

每個輸出神經元的決策邊界都是線性的,因此感知機不能學習複雜的模式。然而,如果訓練實例是線性可分的,該演算法將收斂到一個解,這個解不是唯一的,當資料點線性可分的時候,存在無數個可以將它們分離的超平面。

sklearn 提供了一個 Perceptron 類別,用於實現單一 TLU 網路。它可以實現大部分功能,例如用於 Iris 資料集。

【例 12.1】感知機在 Iris 資料集的使用。

```
import numpy as np
from sklearn.datasets import load_iris
from sklearn.linear_model import Perceptron
iris = load_iris()
#花瓣長度、寬度
X = iris.data[:, (2, 3)]  # petal length, petal width
y = (iris.target == 0).astype(np.int)
per_clf = Perceptron(max_iter=1000, tol=1e-3, random_state=42)
per_clf.fit(X, y)
```

預設情況下,sklearn 提供的 Perceptron 具有以下特點:

- 不需要設定學習率(Learning Rate)。
- 不需要正則化處理。
- 僅使用錯誤樣本更新模型。

與邏輯回歸分類器相反,感知機不輸出分類機率。

感知機結構簡單，故有它一些嚴重缺陷，無法解決一些稍微複雜的問題。感知機中神經元的作用可以視為對輸入空間進行直線劃分，單層感知機無法解決最簡單的非線性可分問題，比如感知機可以順利求解與（AND）和或（OR）問題，但是對於互斥（XOR）問題（見圖 12.6），單層感知機無法透過一條直線進行分割。

其他線性分類模型（比如邏輯回歸分類器）也是這樣的。但是由於研究人員對感知機的期望更高，所以有些人感到失望，進而放棄了對感知機的進一步研究。

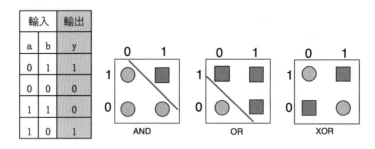

▲ 圖 12.6 XOR 問題

然而，事實證明，感知機的一些局限性可以透過堆疊多個感知機消除，由此產生的類神經網路被稱為多層感知機（MLP）。特別是，MLP 可以解決 XOR 問題，可以透過計算圖 12.7 所示的 MLP 的輸出來驗證輸入的每一個組合：輸入 (0, 0) 或 (1, 1)，輸出 0；輸入 (0,1) 或 (1,0)，輸出 1。除了 4 個連接的權重不是 1 外，其他連接都是 1。

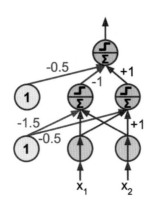

▲ 圖 12.7 解決 XOR 分類問題的 MLP 模型

下面的程式演示了一個線性感知機如何判斷鳶尾花是否屬於某一個種類。

【例 12.2】感知機辨識鳶尾花。

```python
import numpy as np
import os
%matplotlib inline
import matplotlib as mpl
import matplotlib.pyplot as plt
mpl.rc('axes', labelsize=14)
mpl.rc('xtick', labelsize=12)
mpl.rc('ytick', labelsize=12)
# 存放影像的位址
PROJECT_ROOT_DIR = "."
CHAPTER_ID = "ann"
IMAGES_PATH = os.path.join(PROJECT_ROOT_DIR, "images", CHAPTER_ID)
os.makedirs(IMAGES_PATH, exist_ok=True)
def save_fig(fig_id, tight_layout=True, fig_extension="png",
resolution=300):
    path = os.path.join(IMAGES_PATH, fig_id + "." + fig_extension)
    print("Saving figure", fig_id)
```

```
    if tight_layout:
        plt.tight_layout()
    plt.savefig(path, format=fig_extension, dpi=resolution)
import numpy as np
from sklearn.datasets import load_iris
from sklearn.linear_model import Perceptron
%matplotlib inline
import matplotlib as mpl
import matplotlib.pyplot as plt
iris = load_iris()
#花瓣長度和花瓣寬度
X = iris.data[:, (2, 3)]
y = (iris.target == 0).astype(np.int)
per_clf = Perceptron(max_iter=1000, tol=1e-3, random_state=42)
per_clf.fit(X, y)
#計算出決策函數的斜率和截距
a = -per_clf.coef_[0][0] / per_clf.coef_[0][1]
b = -per_clf.intercept_ / per_clf.coef_[0][1]
axes = [0, 5, 0, 2]
x0, x1 = np.meshgrid(
        np.linspace(axes[0], axes[1], 500).reshape(-1, 1),
        np.linspace(axes[2], axes[3], 200).reshape(-1, 1),
    )
X_new = np.c_[x0.ravel(), x1.ravel()]
y_predict = per_clf.predict(X_new)
zz = y_predict.reshape(x0.shape)
#繪製感知機分類圖
plt.figure(figsize=(10, 4))
plt.plot(X[y==0, 0], X[y==0, 1], "bs", label="Not Iris-Setosa")
plt.plot(X[y==1, 0], X[y==1, 1], "yo", label="Iris-Setosa")
plt.plot([axes[0], axes[1]], [a * axes[0] + b, a * axes[1] + b], "k-",
linewidth=3)
from matplotlib.colors import ListedColormap
```

```
custom_cmap = ListedColormap(['#9898ff', '#fafab0'])
plt.contourf(x0, x1, zz, cmap=custom_cmap)
plt.xlabel("Petal length", fontsize=14)
plt.ylabel("Petal width", fontsize=14)
plt.legend(loc="lower right", fontsize=14)
plt.axis(axes)
save_fig("perceptron_iris_plot")
plt.show()
```

最後分類結果如圖 12.8 所示。

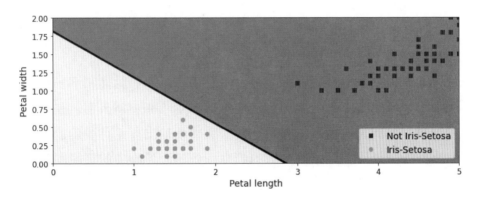

▲ 圖 12.8 感知機辨識鳶尾花

12.3 多層感知機

MLP 由一個輸入層、一個或多個被稱為隱藏層的 TLU 組成，一個 TLU 層稱為輸出層（見圖 12.9）。靠近輸入層的層通常被稱為較低層，靠近輸出層的層通常被稱為較高層。除了輸出層外，每一層都有一個偏置神經元，並且全連接到下一層。

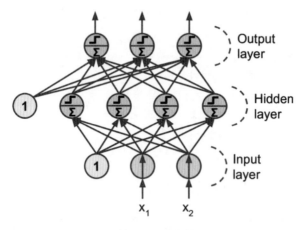

▲ 圖 12.9 多層感知機

訊號是從輸入到輸出單項流動的，也就是每一層的節點僅和下一層的節點相連，這種架構被稱為前饋神經網路（FNN）。感知機其實就是一個單層的前饋神經網路。因為它只有一個節點層—輸出層進行複雜的數學計算。允許同一層節點相連或一層的節點連到前面各層中的節點的架構被稱為遞迴神經網路。當類神經網路具有多個隱藏層的時候，就被稱為深度神經網路（DNN）。

12.3.1 反向傳播演算法

MLP 的訓練方法比感知機複雜得多。一種方法是把網路中的每個隱藏節點或輸出節點看作是一個獨立的感知機單元，使用與公式 12.3 相同的權重更新公式。但是很顯然，這種方法行不通，因為缺少隱藏節點的真實輸出的先驗知識。這樣就很難確定各隱藏節點的誤差項。

直 到 1986 年，David Rumelhart、Geoffrey Hinton、Ronald Williams 發表了一篇突破性的論文，提出了至今仍在使用的反向傳播訓練演算法

（Back Propagation，BP）。總而言之，反向傳播演算法使用了高效的方法自動計算梯度下降。只需要兩次網路傳播（一次向前，一次向後），反向傳播演算法就可以對每個模型參數計算網路誤差的梯度。換句話說，反向傳播演算法為了減小誤差，可以計算出每個連接權重和每個偏置項的調整量。當得到梯度之後，就做一次常規的梯度下降，不斷重複這個過程，直到網路得到收斂解。

下面我們對反向傳播演算法進行詳細介紹。

■ 每次處理一個小量（舉例來說，每個批次包含 32 個實例），用訓練集多次訓練 BP，每次被稱為一個輪次（epoch）。

■ 每個小量先進入輸入層，輸入層再將其發到第一個隱藏層。計算得到該層所有神經元的（小量的每個實例的）輸出。輸出接著傳到下一層，直到得到輸出層的輸出。這個過程就是前向傳播：就像進行預測一樣，只是保存了每個中間結果，中間結果要用於反向傳播。

■ 然後計算輸出誤差，也就是使用損失函數比較目標值和實際輸出值，然後返回誤差。

■ 接著，計算每個輸出連接對誤差的貢獻程度。這是透過鏈式法則（就是對多個變數進行微分的方法）實現的。

■ 然後還是使用鏈式法則，計算最後一個隱藏層的每個連接對誤差的貢獻，這個過程不斷反向傳播，直到到達輸入層。

■ 最後，使用 BP 演算法做一次梯度下降操作，用剛剛計算的誤差梯度調整所有連接權重。

反向傳播演算法十分重要，再歸納一下：對於每個訓練實例，反向傳播演算法使用前向傳播先做一次預測，然後計算誤差，接著反向經過每一層以測量每個連接的誤差貢獻量（反向傳播），最後調整所有連接權重以降低誤差（梯度下降）。

對每次訓練來說，都先要設定 epoch 數，每次 epoch 其實做的就是三件事：首先前向傳播，然後反向傳播，最後調整參數。接著進行下一次 epoch，直到 epoch 數執行完畢。

需要注意，隨機初始化隱藏層的連接權重很重要。假如所有的權重和偏置都初始化為 0，則在替定一層的所有神經元都是一樣的，反向傳播演算法對這些神經元的調整也會是一樣的。換句話說，就算每層有幾百個神經元，模型的整體表現就像每層只有一個神經元一樣。如果權重是隨機初始化的，就可以破壞對稱性，訓練出不同的神經元。

12.3.2 啟動函數

為了使反向傳播演算法正常執行，研究人員對 MLP 的架構做了一個關鍵調整，也就是用 Logistic 函數（sigmoid）代替步階函數：

$$\sigma(z) = 1 / (1 + \exp(-z)) \qquad （公式 12.4）$$

這是必要的，因為步階函數只包含平坦的段，因此沒有梯度，而梯度下降不能在平面上移動。而 Logistic 函數處處都有一個定義良好的非零導數，允許梯度下降在每一步上取得一些進展。反向傳播演算法也可以與其他啟動函數一起使用，下面就是兩個流行的啟動函數：

雙曲正切函數：

$$\tanh(z) = 2\sigma(2z) - 1 \qquad （公式 12.5）$$

類似於 Logistic 函數，它是 S 形、連續可微的，但是它的輸出值範圍為 -1~1，而非 Logistic 函數的 0~1。這往往使每層的輸出在訓練開始時或多或少都變得以 0 為中心，這常常有助加快收斂速度。

ReLU 函數：

$$ReLU(z) = \max(0, z) \qquad （公式 12.6）$$

ReLU 函數是連續的，但是在 z=0 時不可微，因為函數的斜率在此處突然改變，導致梯度下降，在 0 點左右跳躍。但在實踐中，ReLU 效果很好，並且具有計算快速的優點，於是成為了預設的啟動函數。

這些流行的啟動函數及其衍生函數如圖 12.10 所示。但是，究竟為什麼需要啟動函數呢？如果將幾個線性變化組合起來，得到的還是線性變換。比如，對於 $f(x) = 2x + 3$ 和 $g(x) = 5x - 1$ ，兩者組合起來是線性變換：$f(g(x)) = 2(5x - 1) + 3 = 10x + 1$。如果層之間不具有非線性，則深層網路和單層網路其實是等同的，這樣就不能解決複雜問題。相反，足夠深且有非線性啟動函數的 DNN，在理論上可以近似於任意連續函數。

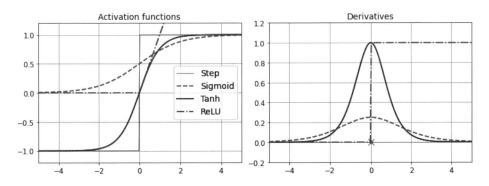

▲ 圖 12.10 啟動函數及其衍生函數

12.3.3 分類 MLP

與感知機一樣，MLP 可用於分類。對於二元分類問題，只需要一個使用邏輯啟動函數的輸出神經元：輸出一個 0~1 的值，這個輸出我們可以將它解釋為正類的估計機率。負類的估計機率等於 1 減去正類的估計機率。

MLP 也可以處理多標籤二進位分類。舉例來說，郵件分類系統可以預測一封郵件是垃圾郵件還是正常郵件，同時預測是緊急郵件還是非緊急郵件。這時，就需要兩個輸出神經元，兩個都是用 Logistic 函數：第一個輸出垃圾郵件的機率，第二個輸出緊急的機率。更為一般地講，需要為每個正類分配一個輸出神經元。多個輸出機率的和不一定非要等於 1。這樣模型就可以輸出各種標籤的組合：非緊急非垃圾郵件、緊急非垃圾郵件、非緊急垃圾郵件和緊急垃圾郵件。

如果每個實例只能屬於一個類，但可能是三個或多個類中的，比如對於數字圖片分類，可以使用類 0 到類 9，則每一類都要有一個輸出神經元，整個輸出層要使用 softmax 啟動函數（見圖 12.11）。softmax 函數可以保證，每個估計機率為 0~1，並且各個值相加等於 1。這被稱為多類分類。

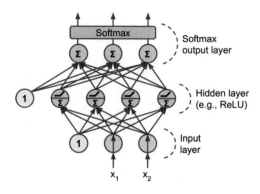

▲ 圖 12.11 使用 softmax 啟動函數的 MLP

對於多分類 MLP 的損失函數，由於我們要預測機率分佈，一般選擇交叉商損失函數（也稱為對數損失）。

sklearn 提供了多層感知機的 MLPClassifier 類別實現分類功能，它實現了透過反向傳播演算法進行訓練的 MLP 演算法。

下面的範例程式中，MLP 在兩個陣列上進行訓練：大小為 (n_samples, n_features) 的陣列 X，用來儲存表示訓練樣本的浮點數特徵向量；大小為 (n_samples,) 的陣列 y，用來儲存訓練樣本的目標值（類別標籤）。

【例 12.3】多層感知機。

```
from sklearn.neural_network import MLPClassifier
X = [[0., 0.], [1., 1.]]
y = [0, 1]
clf = MLPClassifier(solver='lbfgs', alpha=1e-5,
                    hidden_layer_sizes=(5, 2), random_state=1)
clf.fit(X, y)
```

擬合（訓練）後，該模型可以預測新樣本的標籤：

```
>>> clf.predict([[2., 2.], [-1., -2.]])
array([1, 0])
```

MLP 可以為訓練資料擬合一個非線性模型。 clf.coefs_ 包含組成模型參數的權值矩陣：

```
>>> [coef.shape for coef in clf.coefs_]
[(2, 5), (5, 2), (2, 1)]
```

目前，MLPClassifier 只支援交叉熵損失函數，它透過執行 predict_proba 方法進行機率估計。

MLP 演算法使用反向傳播的方式，對於分類問題而言，它最小化了交叉熵損失函數，為每個樣本 x 舉出一個向量形式的機率估計 P(y|x)：

```
>>> clf.predict_proba([[2., 2.], [1., 2.]])
array([[1.967...e-04, 9.998...-01],
       [1.967...e-04, 9.998...-01]])
```

MLPClassifier 透過應用 softmax 作為輸出函數來支援多分類。

此外，該模型支援多標籤分類，其中一個樣本可以屬於多個類別。對於每個種類，原始輸出經過 Logistic 函數變換後，大於或等於 0.5 的值將為 1，否則為 0。對於樣本的預測輸出，值為 1 的索引表示該樣本的分類類別：

```
>>> X = [[0., 0.], [1., 1.]]
>>> y = [[0, 1], [1, 1]]
>>> clf = MLPClassifier(solver='lbfgs', alpha=1e-5,
...                      hidden_layer_sizes=(15,), random_state=1)
...
>>> clf.fit(X, y)
MLPClassifier(alpha=1e-05, hidden_layer_sizes=(15,), random_state=1,
              solver='lbfgs')
>>> clf.predict([[1., 2.]])
array([[1, 1]])
>>> clf.predict([[0., 0.]])
array([[0, 1]])
```

12.3.4 回歸 MLP

除了分類功能之外，MLP 還可以用來回歸任務。如果想要預測一個值，例如根據許多特徵預測房價，就只需要一個輸出神經元，它的輸出值就

是預測值。對多變數回歸（即一次預測多個值），則每一維度都要有一個
神經元。舉例來說，想要定位一幅圖片的中心，就要預測 2D 座標，因此
需要兩個輸出神經元。如果再給物體周圍加個邊框，還需要兩個值：物
件的寬度和高度。

sklearn 提供了多層感知機的 MLPRegressor 類別實現回歸功能。一
般來說當用 MLP 進行回歸時，輸出神經元不需要任何啟動函數。
但是如果要讓輸出是正值，則可讓輸出值使用 ReLU 啟動函數。
另外，還可以使用 softplus 啟動函數，這是 ReLU 的平滑化變形：
softplus(z)=log(1+exp(z))。z 是負值時，softplus 接近 0；z 是正值時，
softplus 接近 z。最後，如果想讓輸出落入一定範圍內，則可以使用調整
過的 Logistic 或雙曲正切函數：Logistic 函數用於 0~1，雙曲正切函數用
於 -1~1。

訓練中的損失函數一般是均方誤差，但如果訓練集有許多異常值，則可
以使用平均絕對誤差。

12.3.5 實用技巧

在使用 sklearn 提供的多層感知機類別的時候，應該注意以下問題。

1. 正則化

首先是正則化問題。MLPRegressor 類別和 MLPClassifier 類別都使用參
數 alpha 作為正則化（L2 正則化）係數，正則化透過懲罰大數量級的權
重值以避免過擬合問題。增大 alpha 值會使得權重參數的值傾向於取比較
小的值來解決高方差的問題，也就是過擬合的跡象，這樣會產生出率較
小的決策邊界。同理，減小 alpha 值會使得權重參數的值傾向於取比較大

的值來解決高偏差的問題，也就是欠擬合的跡象，這樣會產生更加複雜的決策邊界。

圖 12.12 展示了不同的 alpha 值下的決策函數的變化。

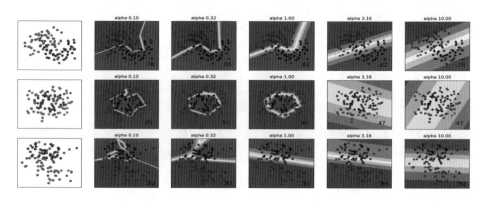

▲ 圖 12.12 不同 alpha 值大小對決策邊界的影響

2. 歸一化

多層感知機對特徵的縮放是敏感的，所以強烈建議資料進行訓練前要進行歸一化處理。舉例來說，將輸入向量 X 的每個屬性縮放到 [0, 1] 或 [-1, +1]，或將其標準化，使其具有 0 平均值和方差 1。另外，要注意的是，為了得到有意義的結果，必須對測試集應用相同的縮放尺度。讀者可以使用 StandardScaler 進行標準化。

【例 12.4】將資料歸一化。

```
from sklearn.preprocessing import StandardScaler
from sklearn import datasets
#載入鳶尾花資料集
iris = datasets.load_iris()
#花瓣長度和花瓣寬度
```

```
X = iris["data"][:, (2, 3)]
X_train = X[:100]
X_test = X[100:]
scaler = StandardScaler()
scaler.fit(X_train)
X_train = scaler.transform(X_train)
X_test = scaler.transform(X_test)
```

另一個推薦的方法是在 Pipeline 中使用 StandardScaler。

最好使用 GridSearchCV 找到一個合理的正則化參數，通常範圍在 10.0 ** -np.arange(1, 7)。

根據經驗可知，我們觀察到 L-BFGS 是收斂速度更快且在小資料集上表現更好的解決方案。對於規模相對比較大的資料集，Adam 是非常堅固的，它通常會迅速收斂，並得到相當不錯的表現。另一方面，如果學習率調整得正確，使用 momentum 或 nesterov's momentum 的 SGD 可能比這兩種演算法更好。

3. 使用 warm_start 的各種控制

如果希望更多地控制 SGD 中的停止標準或學習率，或想要進行額外的監視，使用 warm_start=True 和 max_iter=1 並且自身迭代可能會有所幫助：

```
>>> clf = MLPClassifier(hidden_layer_sizes=(15,), random_state=1, max_
iter=1, warm_start=True)
```

12.4 本章小結

類神經網路的研究是透過模擬生物神經系統而得到啟發的。類似於人腦的結構,類神經網路由一組相互連接的節點和有向鏈組成。本章從最簡單的模型—感知機開始介紹了如何使用感知機來解決分類問題。由於單層感知機只能解決簡單的分類問題,它的一些局限性可以透過堆疊多個感知機消除,因此產生的類神經網路叫作多層感知機。多層感知機的訓練方法是一種使用了自動計算梯度下降的反向傳播演算法。它非常高效,只需一次向前、一次向後的網路傳播,就可以對每個模型參數計算網路誤差的梯度。

12.5 複習題

(1) 感知機為什麼無法表示互斥分類?

(2) 公式 12.3 中學習率的設定值對神經網路訓練有什麼影響?

(3) 如果將線性函數 $f(x)=w^{\mathrm{T}}x$ 用於神經元啟動,它會有什麼缺陷?

Chapter

13

主成分分析降維

主成分分析（Principal Component Analysis，PCA）是一種常用的資料分析方法。PCA 透過線性變換將原始資料變換為一組各維度線性無關的表示，可用於提取資料的主要特徵分量，常用於高維資料的降維。

2.4 節介紹了主成分分析的基本概念和原理，本章主要介紹資料的向量表示和降維問題，重點講解 PCA 基本數學原理與分析過程，以幫助讀者了解 PCA 的工作機制。

13.1 資料的向量表示及降維問題

一般情況下,在資料探勘和機器學習中,資料被表示為向量。例如淘寶網站的年流量及交易情況可以看成一組記錄的集合,其中每一天的資料是一筆記錄,格式如下:

（日期,瀏覽量,訪客數,下單數,成交數,成交金額）

其中「日期」是一個記錄標識而非度量值,而資料探勘關心的大多是度量值,因此如果忽略日期這個欄位後得到一組記錄,每筆記錄可以被表示為一個五維向量,其中一條看起來大約是這個樣子的:

`(500,240,25,13,2312.15)`T

注意這裡用了轉置,因為習慣上使用列向量表示一筆記錄（後面會看到原因）,本文後面也會遵循這個準則。不過為了方便,有時會省略轉置符號,但説到向量預設都是指列向量。

很多機器學習演算法的複雜度和資料的維數有著密切關係,甚至與維數呈指數級連結。當然,這裡五維的資料還無所謂,但實際機器學習中處理成千上萬甚至幾十萬維的情況也並不罕見,在這種情況下,機器學習的資源消耗是不可接受的,因此必須對資料進行降維。降維當然表示資訊的遺失,不過鑑於實際資料本身常常存在的相關性,可以在降維的同時將資訊的損失儘量降低。

上面淘寶店鋪的資料中,從經驗可以知道,「瀏覽量」和「訪客數」往往具有較強的連結關係,而「下單數」和「成交數」也具有較強的連結關係。可以直觀理解為「當某一天這個店鋪的瀏覽量較高（或較低）時,應該很大程度上認為這天的訪客數也較高（或較低）」。後面會舉出連結性的嚴格數學定義。這種情況表明，如果刪除瀏覽量或訪客數其中一個指標，應該不會遺失太多資訊。因此可以刪除一個，以降低機器學習演算法的複雜度。

上面舉出的是降維的樸素思想描述，有助直觀理解降維的動機和可行性，但並不具有操作指導意義。舉例來說，到底刪除哪一列損失的資訊才最小，亦或根本不是單純刪除幾列，而是透過某些變換將原始資料變為更少的列，但又使得遺失的資訊最少，到底如何度量遺失資訊的多少，如何根據原始資料決定具體的降維操作步驟等。PCA 是一種具有嚴格數學基礎並且已被廣泛採用的降維方法。

13.2 向量的表示及基變換

既然面對的資料被抽象為一組向量，那麼本節就來研究一下向量的數學性質，這些數學性質將成為後續推導 PCA 的理論基礎。

13.2.1 內積與投影

兩個維數相同的向量的內積被定義為：

$$(a_1, a_2, \cdots, a_n)^{\mathrm{T}} \cdot (b_1, b_2, \cdots, b_n)^{\mathrm{T}} = a_1b_1 + a_2b_2 + \cdots + a_nb_n \quad (公式 13.1)$$

內積運算將兩個向量映射為一個實數。我們分析一下內積的幾何意義。假設 A 和 B 是兩個 n 維向量，知道 n 維向量可以等價表示為 n 維空間中的一條從原點發射的有向線段，為了簡單起見，假設 A 和 B 均為二維向量，則 $A=(x_1, y_1)$、$B=(x_2, y_2)$。在二維平面上 A 和 B 可以用兩條發自原點的有向線段來表示，如圖 13.1 所示。

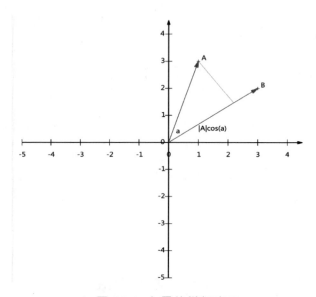

▲ 圖 13.1　向量的幾何表示

從 A 點向 B 點所在直線引一條垂線。知道垂線與 B 的交點叫作 A 在 B 上的投影，再設 A 與 B 的夾角是 a，則投影的向量長度為 $|A|\cos(a)$，其中 $|A| = \sqrt{x_1^2 + y_1^2}$ 是向量 A 的模，也就是 A 線段的純量長度。純量長度總是大於等於 0，值就是線段的長度；而向量長度可能為負，其絕對值是線段長度，而符號取決於其方向與標準方向相同或相反。

將內積表示為另一種形式：

$$A \cdot B = |A||B|\cos(a) \qquad （公式 13.2）$$

A 與 B 的內積等於 A 到 B 的投影長度乘以 B 的模。再進一步，如果假設 B 的模為 1，即讓 $|B|=1$，那麼就變成了：

$$A \cdot B = |A|\cos(a) \qquad （公式 13.3）$$

也就是説，設向量 B 的模為 1，則 A 與 B 的內積值等於 A 向 B 所在直線投影的向量長度，這就是內積的一種幾何解釋。

13.2.2 基

下面繼續在二維空間內討論向量。前文説過，一個二維向量可以對應二維笛卡爾直角坐標系中從原點出發的有向線段。在代數表示方面，經常用線段終點的點座標表示向量，例如某向量可以表示為 (3,2)，這是再熟悉不過的向量表示。

不過只有一個 (3,2) 本身是不能夠精確表示一個向量的。仔細看一下，這裡的 (3,2) 實際表示的是向量在 x 軸上的投影值是 3，在 y 軸上的投影值是 2。也就是説其實隱式引入了一個定義：以 x 軸和 y 軸上正方向長度為 1 的向量為標準。那麼一個向量 (3,2) 實際上是説在 x 軸的投影為 3，而在 y 軸的投影為 2。注意投影是一個向量，所以可以為負。更正式地説，向量 (x,y) 實際上表示線性組合：

$$x(1,0)^T + y(0,1)^T \qquad （公式 13.4）$$

不難證明所有二維向量都可以表示為這樣的線性組合。此處 (1,0) 和 (0,1) 叫作二維空間中的一組基。所以，要準確描述向量，首先要確定一組基，然後舉出基所在的各個直線上的投影值，預設以 (1,0) 和 (0,1) 為基。

之所以預設選擇 (1,0) 和 (0,1) 為基，當然是比較方便，因為它們分別是 x 和 y 軸正方向上的單位向量，因此就使得二維平面上點座標和向量一一對應，非常方便。但實際上任何兩個線性無關的二維向量都可以成為一組基，所謂線性無關，在二維平面內可以直觀認為是兩個不在一條直線上的向量。

舉例來說，(1,1) 和 (-1,1) 也可以成為一組基。一般希望基的模是 1，因為從內積的意義可以看到，如果基的模是 1，那麼就可以方便地用向量點乘基而直接獲得其在新基上的座標。實際上，對應任何一個向量，總可以找到其同方向上模為 1 的向量，只要讓兩個分量分別除以模就好了。

舉例來說，上面的基可以變為 $\left(\dfrac{1}{\sqrt{2}}, \dfrac{1}{\sqrt{2}}\right)$ 和 $\left(-\dfrac{1}{\sqrt{2}}, \dfrac{1}{\sqrt{2}}\right)$。

現在，想獲得 (3,2) 在新基上的座標，即在兩個方向上的投影向量值，那麼根據內積的幾何意義，只要分別計算 (3,2) 和兩個基的內積，不難得到新的座標為 $\left(\dfrac{5}{\sqrt{2}}, -\dfrac{1}{\sqrt{2}}\right)$。圖 13.2 給出了新的基以及 (3,2) 在新基上座標值的示意圖。

另外這裡要注意，列舉的例子中基是正交的（即內積為 0，或直觀說相互垂直），但可以成為一組基的唯一要求就是線性無關，非正交的基也是可以的。不過因為正交基底有較好的性質，所以一般使用的基都是正交的。

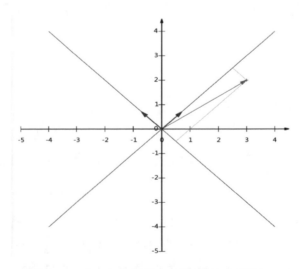

▲ 圖 13.2 (3,2) 在新基上座標值的示意圖

13.2.3 基變換的矩陣表示

下面找一種簡便的方式來表示基變換。還是使用上面的例子，將 (3,2) 變換為新基上的座標，就是用 (3,2) 與第一個基做內積運算，作為第一個新座標的分量，然後用 (3,2) 與第二個基做內積運算，作為第二個新座標的分量。實際上，可以用矩陣相乘的形式簡潔地表示這個變換：

$$\begin{pmatrix} 1/\sqrt{2} & 1/\sqrt{2} \\ -1/\sqrt{2} & 1/\sqrt{2} \end{pmatrix} \begin{pmatrix} 3 \\ 2 \end{pmatrix} = \begin{pmatrix} 5/\sqrt{2} \\ -1/\sqrt{2} \end{pmatrix} \qquad （公式 13.5）$$

其中矩陣的兩行分別為兩個基，乘以原向量，其結果剛好為新基的座標。如果有 m 個二維向量，只要將二維向量按列排成一個兩行 m 列矩陣，然後用「基矩陣」乘以這個矩陣，就獲得了所有這些向量在新基下的值。例如 (1,1)、(2,2)、(3,3) 想變換到剛才那組基上，則可以這樣表示：

$$\begin{pmatrix} 1/\sqrt{2} & 1/\sqrt{2} \\ -1/\sqrt{2} & 1/\sqrt{2} \end{pmatrix} \begin{pmatrix} 1 & 2 & 3 \\ 1 & 2 & 3 \end{pmatrix} = \begin{pmatrix} 2/\sqrt{2} & 4/\sqrt{2} & 6/\sqrt{2} \\ 0 & 0 & 0 \end{pmatrix} （公式 13.6）$$

一組向量的基變換被表示為矩陣相乘。

一般情況下，如果有 M 個 N 維向量，想將其變換為由 R 個 N 維向量表示的新空間，那麼首先將 R 個基按行組成矩陣 A，然後將向量按列組成矩陣 B，那麼兩個矩陣的乘積 AB 就是變換結果，其中 AB 的第 m 列為 A 中第 m 列變換後的結果。數學表示為：

$$\begin{pmatrix} p_1 \\ p_2 \\ \vdots \\ p_R \end{pmatrix} (a_1 a_2 \cdots a_M) \begin{pmatrix} p_1 a_1 & p_2 a_2 & \cdots & p_1 a_M \\ p_2 a_1 & p_2 a_2 & \cdots & p_2 a_M \\ \vdots & \vdots & \ddots & \vdots \\ p_R a_1 & p_R a_2 & \cdots & p_R a_M \end{pmatrix} \qquad （公式 13.7）$$

其中 p_i 是一個行向量，表示第 i 個基，a_j 是一個列向量，表示第 j 個原始資料記錄。特別要注意，這裡 R 可以小於 N，而 R 決定了變換後資料的維數。也就是說，可以將一個 N 維資料變換到更低維度的空間中去，變換後的維度取決於基的數量。因此，這種矩陣相乘的表示也可以表示降維變換。

兩個矩陣相乘的意義是：將右邊矩陣中的每一列列向量變換到左邊矩陣中每一行行向量為基所表示的空間中去。

13.3 協方差矩陣及最佳化目標

前面討論了選擇不同的基可以對同樣一組資料舉出不同的表示，而且如果基的數量少於向量本身的維數，則可以達到降維的效果。但是還沒有回答一個最關鍵的問題：如何選擇基才是最佳的。或說，如果有一組 N 維向量，現在要將其降到 K 維（K 小於 N），那麼應該如何選擇 K 個基才能最大限度地保留原有的資訊？要完全數學化這個問題非常繁雜，這裡用一種非形式化的直觀方法來看這個問題。為了避免過於抽象地討論，我們以一個具體的例子展開。假設資料由 5 筆記錄組成，將它們表示成矩陣形式：

$$\begin{pmatrix} 1 & 1 & 2 & 4 & 2 \\ 1 & 3 & 3 & 4 & 4 \end{pmatrix} \qquad （公式 13.8）$$

其中每一列為一筆資料記錄，而一行為一個欄位。為了後續處理方便，首先將每個欄位內所有值都減去欄位平均值，其結果是將每個欄位都變為平均值為 0。看上面的資料，第一個欄位平均值為 2，第二個欄位平均值為 3，所以變換後：

$$\begin{pmatrix} -1 & -1 & 0 & 2 & 0 \\ -2 & 0 & 0 & 1 & 1 \end{pmatrix}$$

（公式 13.9）

圖 13.3 可以看到 5 筆資料在平面直角坐標系內的樣子。

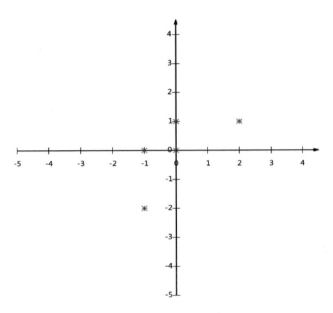

▲ 圖 13.3 5 筆資料在平面直角坐標系內的位置

現在問題是：如果必須使用一維來表示這些資料，又希望儘量保留原始的資訊，那要如何選擇？透過上一節對基變換的討論知道，這個問題實際上是要在二維平面中選擇一個方向，將所有資料都投影到這個方向所在的直線上，用投影值表示原始記錄。這是一個實際的二維降到一維的問題。那麼如何選擇這個方向（或說基）才能儘量保留最多的原始資訊呢？一種直接的做法是：投影後的投影值盡可能分散。

以圖 13.3 為例，可以看出如果向 x 軸投影，那麼最左邊的兩個點會重疊在一起，中間的兩個點也會重疊在一起，於是本身 4 個各不相同的二維點投影後只剩下兩個不同的值了，這是一種嚴重的資訊遺失，同理，如果向 y 軸投影，最上面的兩個點和分佈在 x 軸上的兩個點也會重疊。所以看來 x 和 y 軸都不是最好的投影選擇。直觀目測，如果向透過第一象限和第三象限的斜線投影，則 5 個點在投影後還是可以區分的。下面用數學方法來表述這個問題。

13.3.1 方差

上文提到，希望投影後的投影值盡可能分散，而這種分散程度可以用數學上的方差來表述。此處，一個欄位的方差可以看作是每個元素與欄位平均值的差的平方和的平均值，即：

$$\mathrm{Var}(a) = \frac{1}{m} \sum_{i=1}^{m} (a_i - \mu)^2 \qquad (公式 13.10)$$

由於前面已經將每個欄位的平均值都化為了 0，因此方差可以直接用每個元素的平方和除以元素個數表示：

$$\mathrm{Var}(a) = \frac{1}{m} \sum_{i=1}^{m} a_i^2 \qquad (公式 13.11)$$

於是上面的問題被形式化表述為：尋找一個一維基，使得所有資料變換為這個基上的座標表示後，方差值最大。

13.3.2 協方差

對上面二維降成一維的問題來說，找到使得方差最大的方向就可以了。不過對於更高維，還有一個問題需要解決：考慮將三維降到二維。與之前相同，首先希望找到一個方向使得投影後方差最大，這樣就完成了第一個方向的選擇，繼而選擇第二個投影方向。

如果還是單純只選擇方差最大的方向，很明顯，這個方向與第一個方向應該是「幾乎重合在一起」，顯然這樣的維度是沒有用的，因此應該有其他限制條件。從直觀上說，讓兩個欄位盡可能表示更多的原始資訊，不希望它們之間存在（線性）相關性，因為相關性表示兩個欄位不是完全獨立的，必然存在重複表示的資訊。

數學上可以用兩個欄位的協方差表示其相關性，由於已經讓每個欄位平均值為 0，因此：

$$\text{Cov}(a,b) = \frac{1}{m} \sum_{i=1}^{m} a_i b_i \qquad （公式 13.12）$$

可以看到，在欄位平均值為 0 的情況下，兩個欄位的協方差簡潔地表示為其內積除以元素數 m。

當協方差為 0 時，表示兩個欄位完全獨立。為了讓協方差為 0，選擇第二個基時只能在與第一個基正交的方向上選擇。因此，最終選擇的兩個方向一定是正交的。至此，獲得了降維問題的最佳化目標：將一組 N 維向量降為 K 維（K 大於 0，小於 N），其目標是選擇 K 個單位（模為 1）正交基底，使得原始資料變換到這組基上後，各欄位兩兩間協方差為 0，而欄位的方差則盡可能大（在正交的約束下，取最大的 K 個方差）。

13.3.3 協方差矩陣

前面匯出了最佳化目標，但這個目標似乎不能直接作為操作演算法，因為它根本沒有指出怎麼做，所以要繼續在數學上研究計算方案。可以看到，最終要達到的目的與欄位內的方差及欄位間的協方差有密切關係。因此，希望能將兩者統一表示，仔細觀察發現，兩者均可以表示為內積的形式，而內積又與矩陣相乘密切相關。於是假設只有 a 和 b 兩個欄位，那麼將它們按行組成矩陣 X：

$$X = \begin{pmatrix} a_1\, a_2\, \cdots a_m \\ b_1\, b_2\, \cdots b_m \end{pmatrix}$$ （公式 13.13）

然後用 X 乘以 X 的轉置，並乘以係數 $1/m$：

$$\frac{1}{m}XX^{\mathrm{T}} = \begin{pmatrix} \dfrac{1}{m}\sum_{i=1}^{m}a_i^2 & \dfrac{1}{m}\sum_{i=1}^{m}a_i b_i \\ \dfrac{1}{m}\sum_{i=1}^{m}a_i b_i & \dfrac{1}{m}\sum_{i=1}^{m}b_i^2 \end{pmatrix}$$ （公式 13.14）

這個矩陣對角線上的兩個元素分別是兩個欄位的方差，而其他元素是 a 和 b 的協方差。兩者被統一到了一個矩陣，根據矩陣相乘的運算法則，這個結論很容易被推廣到一般情況：設有 m 個 n 維資料記錄，將其按列排成 n 乘 m 的矩陣 X，設 $C = \dfrac{1}{m}XX^{\mathrm{T}}$，則 C 是一個對稱矩陣，其對角線分別是各個欄位的方差，而第 i 行 j 列和 j 行 i 列元素相同，表示 i 和 j 兩個欄位的協方差。

13.3.4 協方差矩陣對角化

根據上述推導，發現要達到最佳化目標，等價於將協方差矩陣對角化，即除對角線外的其他元素化為 0，並且在對角線上將元素按大小從上到下排列，這樣就達到了最佳化目的。這樣說可能還不是很明晰，進一步看一下原矩陣與基變換後矩陣協的方差矩陣的關係：設原始資料矩陣 X 對應的協方差矩陣為 C，而 P 是一組基按行組成的矩陣，設 $Y=PX$，則 Y 為 X 對 P 做基變換後的資料。設 Y 的協方差矩陣為 D，推導一下 D 與 C 的關係：

$$
\begin{aligned}
D &= \frac{1}{m}YY^{\mathrm{T}} \\
&= \frac{1}{m}(PX)(PX)^{\mathrm{T}} \\
&= \frac{1}{m}PXX^{\mathrm{T}}P^{\mathrm{T}} \\
&= P(\frac{1}{m}XX^{\mathrm{T}})P^{\mathrm{T}} \\
&= PCP^{\mathrm{T}}
\end{aligned}
\qquad\text{（公式 13.15）}
$$

要找的 P 是能讓原始協方差矩陣對角化的 P。最佳化目標變成了尋找一個矩陣 P，滿足 PCP^T 是一個對角矩陣，並且對角元素按從大到小依次排列，那麼 P 的前 K 行就是要尋找的基，用 P 的前 K 行組成的矩陣乘以 X 就使得 X 從 N 維降到了 K 維並滿足上述最佳化條件。

由上文可知，協方差矩陣 C 是一個對稱矩陣，在線性代數上，實對稱矩陣有一系列的性質：

■ 實對稱矩陣不同特徵值對應的特徵向量必然正交。

■ 設特徵向量 λ 的重數為 r，則必然存在 r 個線性無關的特徵向量對應於 λ，因此可以將這 r 個特徵向量單位正交化。

由上面兩個性質可知，一個 n 行 n 列的實對稱矩陣一定可以找到 n 個單位正交特徵向量，設這 n 個特徵向量為 $e_1,e_2,\cdots,e_n$，將其按列組成矩陣：

$$E = (e_1 e_2 \cdots e_n) \qquad （公式 13.16）$$

則對協方差矩陣 C 有以下結論：

$$E^{\mathrm{T}}CE = \Lambda = \begin{pmatrix} \lambda_1 & & & \\ & \lambda_2 & & \\ & & \ddots & \\ & & & \lambda_n \end{pmatrix} \qquad （公式 13.17）$$

其中 Λ 為對角矩陣，其對角元素為各特徵向量對應的特徵值（可能有重複）。

到這裡，已經找到了需要的矩陣 P：

$$P = E^{\mathrm{T}} \qquad （公式 13.18）$$

P 是協方差矩陣的特徵向量單位化後按行排列出的矩陣，其中每一行都是 C 的特徵向量。如果設 P 按照 Λ 中的特徵值從大到小，將特徵向量從上到下排列，則用 P 的前 K 行組成的矩陣乘以原始資料矩陣 X，就獲得了需要的降維後的資料矩陣 Y。

13.4 PCA 演算法流程

從前面的介紹可以看出，求樣本 $x^{(i)}$ 的 n' 維的主成分其實就是求樣本集的協方差矩陣 XXT 的前 n' 個特徵值對應的特徵向量矩陣 W，然後對於每個樣本 $x^{(i)}$，做以下變換：$z^{(i)}=W^T x(i)$，即達到降維的 PCA 目的。

具體的演算法流程如下：

輸入：n 維樣本集 $D=(x^{(1)},x^{(2)},\cdots,x^{(m)})$，要降維到的維數 n'。

輸出：降維後的樣本集 D'。

（1） 對所有的樣本進行中心化：$x^{(i)} = x^{(i)} - \dfrac{1}{m}\sum\limits_{j=1}^{m} x^{(j)}$ 。

（2） 計算樣本的協方差矩陣 XX^T。

（3） 對矩陣 XX^T 進行特徵值分解。

（4） 取出最大的 n' 個特徵值對應的特徵向量 $(w_1,w_2,\cdots,w_{n'})$，將所有的特徵向量標準化後，組成特徵向量矩陣 W。

（5） 將樣本集中的每一個樣本 $x^{(i)}$，轉化為新的樣本 $z^{(i)}=W^T x(i)$。

（6） 得到輸出樣本集 $D' = (x^{(1)},x^{(2)},\cdots,x^{(m)})$。

有時候，不指定降維後的 n' 的值，而是換一種方式，指定一個降維到的主成分比重設定值 t。這個設定值 t 在 $(0,1]$。假如 n 個特徵值為 $\lambda_1 \geq \lambda_2 \geq \cdots \geq \lambda_n$，則 n' 可以透過下式得到：

$$\frac{\sum\limits_{i=1}^{n'} \lambda_i}{\sum\limits_{i=1}^{n} \lambda_i} \geq t \qquad\qquad （公式\ 13.19）$$

13.5 PCA 實例

這裡以上文提到的矩陣為例：

$$\begin{pmatrix} -1 & -1 & 0 & 2 & 0 \\ -2 & 0 & 0 & 1 & 1 \end{pmatrix}$$

用 PCA 方法將這組二維資料降到一維。因為這個矩陣的每行已經是零平均值，這裡直接求協方差矩陣：

$$C = \frac{1}{5}\begin{pmatrix} -1 & -1 & 0 & 2 & 0 \\ -2 & 0 & 0 & 1 & 1 \end{pmatrix}\begin{pmatrix} -1 & -2 \\ -1 & 0 \\ 0 & 0 \\ 2 & 1 \\ 0 & 1 \end{pmatrix} = \begin{pmatrix} \dfrac{6}{5} & \dfrac{4}{5} \\ \dfrac{4}{5} & \dfrac{6}{5} \end{pmatrix}$$

然後求其特徵值和特徵向量，具體求解方法不再詳述，可以參考相關資料。求解後特徵值為：

$$\lambda_1 = 2, \lambda_2 = 2/5$$

其對應的特徵向量分別是：

$$c_1\begin{pmatrix} 1 \\ 1 \end{pmatrix} , \; c_2\begin{pmatrix} -1 \\ 1 \end{pmatrix}$$

其中對應的特徵向量分別是一個通解，c1 和 c2 可取任意實數。那麼標準化後的特徵向量為：

$$\begin{pmatrix} 1/\sqrt{2} \\ 1/\sqrt{2} \end{pmatrix} , \; \begin{pmatrix} -1/\sqrt{2} \\ 1/\sqrt{2} \end{pmatrix}$$

因此矩陣 P 是：

$$P = \begin{pmatrix} 1/\sqrt{2} & 1/\sqrt{2} \\ -1/\sqrt{2} & 1/\sqrt{2} \end{pmatrix}$$

可以驗證協方差矩陣 C 的對角化：

$$PCP^{\mathrm{T}} = \begin{pmatrix} 1/\sqrt{2} & 1/\sqrt{2} \\ -1/\sqrt{2} & 1/\sqrt{2} \end{pmatrix} \begin{pmatrix} 6/5 & 4/5 \\ 4/5 & 6/5 \end{pmatrix} \begin{pmatrix} 1/\sqrt{2} & -1/\sqrt{2} \\ 1/\sqrt{2} & 1/\sqrt{2} \end{pmatrix} = \begin{pmatrix} 2 & 0 \\ 0 & 2/5 \end{pmatrix}$$

最後用 P 的第一行乘以資料矩陣，就獲得了降維後的表示：

$$Y = \left(1/\sqrt{2} \;\; 1/\sqrt{2}\right) \begin{pmatrix} -1 & -1 & 0 & 2 & 0 \\ -2 & 0 & 0 & 1 & 1 \end{pmatrix} = \left(-3/\sqrt{2} \;\; -1/\sqrt{2} \;\; 0 \;\; 3/\sqrt{2} \;\; -1/\sqrt{2}\right)$$

降維投影結果如圖 13.4 所示。

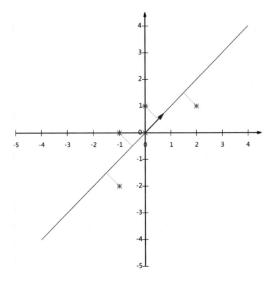

▲ 圖 13.4 降維投影結果

13.6 scikit-learn PCA 降維實例

1. scikit-learn PCA 類別介紹

在 scikit-learn 中，與 PCA 相關的類別都在 sklearn.decomposition 套件中。最常用的 PCA 類別就是 sklearn.decomposition.PCA，下面主要會講解這個類別的使用方法。

除了 PCA 類別以外，常用的 PCA 相關類別還有 KernelPCA 類別，它主要用於非線性資料的降維，需要用到核心技巧。因此，在使用的時候需要選擇合適的核心函數並對核心函數的參數進行調參。

另一個常用的 PCA 相關類別是 IncrementalPCA 類別，它主要可以解決單機記憶體限制的問題。有時候樣本數可能是上百萬，維度可能是上千，直接去擬合資料可能會讓記憶體崩潰，此時可以用 IncrementalPCA 類別來解決這個問題。IncrementalPCA 類別先將資料分成多個 batch，然後對每個 batch 依次遞增呼叫 partial_fit 函數，這樣一步一步地得到最終的樣本最佳降維。

此外，還有 SparsePCA 類別和 MiniBatchSparsePCA 類別。它們和上面講到的 PCA 類別的區別主要是使用了 L1 的正則化，這樣可以將很多非主要成分的影響度降為 0。在 PCA 降維的時候僅需要對那些相對比較主要的成分進行 PCA 降維，避免了一些雜訊之類的因素對 PCA 降維的影響。SparsePCA 類別和 MiniBatchSparsePCA 類別之間的區別則是 MiniBatchSparsePCA 類別透過使用一部分樣本特徵和給定的迭代次數來進行 PCA 降維，以解決在大樣本時特徵分解過慢的問題，當然，代價就是 PCA 降維的精確度可能會降低。使用 SparsePCA 類別和 MiniBatchSparsePCA 類別需要對 L1 正則化參數進行調參。

2. sklearn.decomposition.PCA 參數介紹

接下來主要基於 sklearn.decomposition.PCA 類別來講解如何使用 scikit-learn 進行 PCA 降維。PCA 類別基本不需要調參，一般來説，只需要指定需要降維到的維度，或希望降維後的主成分的方差和佔原始維度所有特徵方差和的比例設定值就可以了。

下面對 sklearn.decomposition.PCA 的主要參數介紹。

（1） n_components：這個參數可以幫助指定希望 PCA 降維後的特徵維度數目。最常用的做法是直接指定降維到的維度數目，此時 n_components 是一個大於等於 1 的整數。當然，也可以指定主成分的方差和所佔的最小比例設定值，讓 PCA 類別自己去根據樣本特徵方差來決定降維到的維度數，此時 n_components 是一個 (0,1] 的數。當然，還可以將參數設定為 "mle"，此時 PCA 類別會用 MLE 演算法根據特徵的方差分佈情況自己去選擇一定數量的主成分特徵來降維；也可以用預設值，即不輸入 n_components，此時 n_components=min(樣本數 , 特徵數)。

（2） whiten：判斷是否進行白化。所謂白化，就是對降維後的資料的每個特徵進行歸一化，讓方差都為 1，對 PCA 降維本身來説，一般不需要白化。如果 PCA 降維後有後續的資料處理動作，可以考慮白化。預設值是 False，即不進行白化。

（3） svd_solver：即指定奇異值分解 SVD 的方法，由於特徵分解是奇異值分解 SVD 的特例，一般的 PCA 函數庫都是基於 SVD 實現的。有 4 個可以選擇的值：{'auto','full','arpack','randomized'}。randomized 一般適用於資料量大、資料維度多同時主成分數目比例又較低的 PCA 降維，它使用了一些加快 SVD 的隨機演算法。full 則是傳統意義上的 SVD，使用了 SciPy 函數庫對應的實現。arpack 與 randomized 的適用場景類似，區別是 randomized 使用 scikit-learn 自己的 SVD 實現，而 arpack 直接使用 SciPy 函數庫的 Sparse SVD 實現。預設是 auto，即 PCA 類別會自己到前面所講的三種演算法裡面去權衡，選擇一個合適的 SVD 演算法來降維。一般來說，使用預設值就夠了。

除了這些輸入參數外，還有兩個 PCA 類別的成員值得關注。第一個是 explained_variance_，它代表降維後的各主成分的方差值。方差值越大，說明越是重要的主成分。第二個是 explained_variance_ratio_，它代表降維後的各主成分的方差值佔總方差值的比例，這個比例越大，說明越是重要的主成分。

【例 13.1】下面用一個實例來學習 scikit-learn 中的 PCA 類別的使用，這裡使用三維的資料來降維。實驗環境是 Anaconda3 和 Jupyter Notebook。

首先生成隨機資料並視覺化，程式如下：

```
In[1]:
import numpy as np
import matplotlib.pyplot as plt
from mpl_toolkits.mplot3d import Axes3D
%matplotlib inline
from sklearn.datasets.samples_generator import make_blobs
# X為樣本特徵，Y為樣本簇類別，共有1000個樣本，每個樣本有3個特徵，共4個簇
X, y = make_blobs(n_samples=10000, n_features=3, centers=[[3,3, 3],
[0,0,0],
[1,1,1], [2,2,2]], cluster_std=[0.2, 0.1, 0.2, 0.2],
                  random_state =9)
fig = plt.figure()
ax = Axes3D(fig, rect=[0, 0, 1, 1], elev=30, azim=20)
plt.scatter(X[:, 0], X[:, 1], X[:, 2],marker='o')
```

Out[1]：三維資料的分佈如圖 13.5 所示。

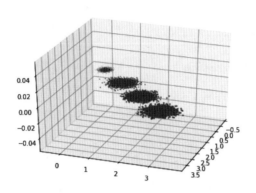

▲ 圖 13.5 三維資料的分佈

先不降維，只對資料進行投影，看看投影後的三個維度的方差分佈，程式如下：

In[2]：

```
from sklearn.decomposition import PCA
pca = PCA(n_components=3)
pca.fit(X)
print (pca.explained_variance_ratio_)
print (pca.explained_variance_)
```

Out[2]：

```
[0.98318212 0.00850037 0.00831751]
[3.78521638 0.03272613 0.03202212]
```

可以看出投影後三個特徵維度的方差比例大約為 98.3%、0.8%、0.8%。投影後第一個特徵佔了絕大多數的主成分比例。

現在來進行降維，從三維降到二維，程式如下：

In[3]：

```
pca = PCA(n_components=2)
pca.fit(X)
print (pca.explained_variance_ratio_)
print (pca.explained_variance_)
```

Out[3]：

```
[0.98318212 0.00850037]
[3.78521638 0.03272613]
```

這個結果其實可以預料到，因為上面三個投影後的特徵維度的方差分別
為：[3.78521638 0.03272613 0.03202212]，投影到二維後選擇的肯定是前
兩個特徵，而拋棄第三個特徵。

為了有一個直觀的認識，下面看看此時轉化後的資料分佈，程式如下：

In[4]：

```
X_new = pca.transform(X)
plt.scatter(X_new[:, 0], X_new[:, 1],marker='o')
plt.show()
```

Out[4]：降維後的資料分佈如圖 13.6 所示。

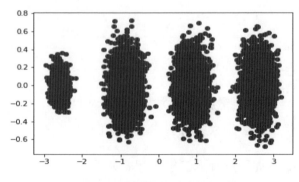

▲ 圖 13.6　降維後的資料分佈

現在看看不直接指定降維的維度，而指定降維後的主成分方差和比例。

In[5]：

```
pca = PCA(n_components=0.95)
pca.fit(X)
print (pca.explained_variance_ratio_)
print (pca.explained_variance_)
print (pca.n_components_)
```

Out[5]（指定了主成分至少佔 95%，輸出以下）：

```
[0.98318212]
[3.78521638]
1
```

可見只有第一個投影特徵被保留。這也很好理解，第一個主成分佔投影
特徵的方差比例高達 98%。只選擇這一個特徵維度便可以滿足 95% 的設
定值。現在選擇設定值 99% 看看，程式如下：

In[6]：

```
pca = PCA(n_components=0.99)
pca.fit(X)
print (pca.explained_variance_ratio_)
print (pca.explained_variance_)
print (pca.n_components_)
```

Out[6]：

```
[0.98318212 0.00850037]
[3.78521638 0.03272613]
2
```

這個結果也很好理解，因為第一個主成分佔了 98.3% 的方差比例，第二個主成分佔了 0.8% 的方差比例，兩者一起可以滿足設定值。

最後看看讓 MLE 演算法自己選擇降維維度的效果，程式如下：

In[7]：

```
pca = PCA(n_components='mle')
pca.fit(X)
print (pca.explained_variance_ratio_)
print (pca.explained_variance_)
print (pca.n_components_)
```

Out[7]：

```
[0.98318212]
[3.78521638]
1
```

可見，由於資料的第一個投影特徵的方差佔比高達 98.3%，MLE 演算法只保留了第一個特徵。

【例 13.2】將 Iris 資料特徵降為二維。

```
# -*- coding: utf-8 -*-
import matplotlib.pyplot as plt
from sklearn.datasets import load_iris
from sklearn.decomposition import PCA
iris = load_iris()
y = iris.target
X = iris.data
import pandas as pd
pd.DataFrame(X)
pca = PCA(n_components=2)  #將特徵降為二維
```

```
pca = pca.fit(X)
X_dr = pca.transform(X)
X_dr
color = ["red","green","blue"]
plt.figure()
for i in [0,1,2]:
    plt.scatter(X_dr[y==i, 0]
                ,X_dr[y==i, 1]
                ,alpha = 0.7
                ,c=color[i]
                ,label=iris.target_names[i])
plt.legend()
plt.title('PCA of IRIS dataset')
plt.show()
```

Iris 資料 PCA 特徵降維分佈結果如圖 13.7 所示。

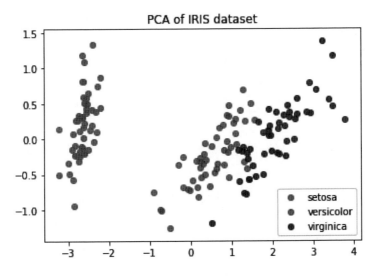

▲ 圖 13.7 Iris 資料 PCA 特徵降維分佈

13.7 核心主成分分析 KPCA 簡介

在上面的 PCA 演算法中，假設存在一個線性的超平面，可以對資料進行投影。但是有些時候，資料不是線性的，不能直接進行 PCA 降維。這就需要用到和支援向量機一樣的核心函數的思想，先把資料集從 n 維映射到線性可分的高維 $N>n$，再從 N 維降維到一個低維度 n'，這裡的維度之間滿足 $n'<n<N$。

使用了核心函數的主成分分析一般稱為核心主成分分析（Kernelized PCA，KPCA）。假設高維空間的資料是由 n 維空間的資料透過映射 ϕ 產生的。

對於 n 維空間的特徵分解為：

$$\sum_{i=1}^{m} x^{(i)} x^{(i)} W = \lambda W \qquad （公式 13.20）$$

映射為：

$$\sum_{i=1}^{m} \phi(x^{(i)}) \phi(x^{(i)})^{\mathrm{T}} W = \lambda W \qquad （公式 13.21）$$

透過在高維空間進行協方差矩陣的特徵值分解，然後用和 PCA 一樣的方法進行降維。一般來說，映射 ϕ 不用顯性地計算，而是在需要計算的時候透過核心函數完成。由於 KPCA 需要核心函數的運算，因此它的計算量要比 PCA 大很多。

13.8 本章小結

PCA 演算法作為一個非監督學習的降維方法，它只需要特徵值分解，就可以對資料進行壓縮和去噪。因此，在實際場景中的應用很廣泛。為了克服 PCA 的一些缺點，出現了很多 PCA 的變種，比如為解決非線性降維的 KPCA，還有解決記憶體限制的增量 PCA 方法 IncrementalPCA，以及解決稀疏資料降維的 PCA 方法 SparsePCA 等。

本章主要介紹了 PCA 演算法的資料向量表示與降維分析過程，舉出了PCA 演算法流程，舉例講解了 PCA 演算法的資料實際降維操作，最後簡介了核心主成分分析 KPCA。

13.9 複習題

（1） 如何求取向量的內積？

（2） 簡單描述基。

（3） 基變換的矩陣表示是什麼？

（4） 簡述方差。

（5） 簡述協方差。

（6） 簡述 PCA 演算法流程。

（7） 簡述 scikit-learn 中常見的 PCA 相關類別。

Appendix

A

參考文獻

[1] 陳海虹，黃彪，劉峰，陳文國. 機器學習原理及應用 [M]. 成都：電子科技大學出版社，2017.

[2] McCallum,a.&K.Nigam. A Comparison of Event Models for Naive Bayes Text Classification[EB/OL]. http://www.cs.cmu.edu/~knigam/papers/multinomial-aaaiws98.pdf，1999.

[3] Shimodaira.H. Text Classification using Naive Bayes[EB/OL]. https://www.inf.ed.ac.uk/teaching/courses/ inf2b/learnnotes/inf2b-learn07-notes-nup.pdf，2020.

[4] scikit-learn developers. Naive Bayes[EB/OL]. https://scikit-learn.org/stable/modules/naive_bayes.html #naive-bayes，2021.

[5] 劉帝偉. 機率分佈 Probability Distributions[EB/OL]. http://www.csuldw.com/2016/08/19/2016-08-19-probability-distributions/，2016.

[6] 李航. 統計學 [M]. 北京：清華大學出版社，2012.

[7] 張洋 . PCA 的 數 學 原 理 [EB/OL]. http://blog.codinglabs.org/articles/ pca-tutorial.html，2013.

[8] 周志華 . 機器學習 [M]. 北京：清華大學出版社，2016.

[9] 黃永昌 . scikit-learn 機器學習：常用演算法原理及程式設計實戰 [M]. 北京：機械工業出版社，2018.

[10] Geron. scikit-learn, Keras 和 TensorFlow 的機器學習實用指南（影印版）[M]. 南京：東南大學出版社，2020).

[11] Boyd,S.&L.Vandenberghe. Convex Optimization[M]. Cambridge： Cambridge University Press，2014.

[12] Mitchell,T. Machine Learning[M]. New York：McGraw Hill，1997.

[13] Escalera,S.,O. Pujol&P. Radeva. Error-correcting output codes library[J]. Journal of Machine Learning Research，2010(11)：661-664.

[14] Tibshirani, R. Regression shrinkage and selection via the LASSO[J]. Journal of the Royal Statistical Society: Series B, 1996(1):267-288.

[15] 美團演算法團隊 . 美團機器學習實踐 [M]. 北京：人民郵電出版社，2018.

[16] Pang-Ning T., M. Steinbach& V. Kumar. 資料探勘導論（完整版）[M]. 範明等譯 . 北京：人民郵電出版社，2016.

Note

Note

Note

Note